よくわかる

国連「家族農業の10年」と「小農の権利宣言」

小規模・家族農業ネットワーク・ジャパン（SFFNJ）編

JN134957

農文協
ブックレット

目次

はじめに――世界では農業政策の大転換が起きている　5
小規模・家族農業ネットワーク・ジャパン（ＳＦＦＮＪ）呼びかけ人

ブックレットの出版によせて　10
国連食糧農業機関（ＦＡＯ）パートナーシップ・南南協力部長　マルセラ・ヴィッヤレアル

Ⅰ　国連の「家族農業の10年」がめざすもの
愛知学院大学・ＳＦＦＮＪ呼びかけ人代表　関根佳恵

1　国際家族農業年から家族農業の10年へ　16
2　家族農業をめぐるＱ＆Ａ　19

3　家族農業の10年がめざすもの　29
4　誰のための家族農業の10年か　31
コラム　家族農業は人と人の関係のいかなる未来像を描くのか
香港の農民が教えてくれること　武蔵大学　安藤丈将　35

Ⅱ　なぜアグロエコロジーは世界から着目されるのか

NAGANO農と食の会　吉田太郎

1　世界から着目されるアグロエコロジー　40
2　アグロエコロジーで飢餓、地球温暖化、経済格差問題が解決できる　40
3　食料危機を契機に世界的に着目されたアグロエコロジー　42
4　自然生態系を模倣することで地域ごとの解決策を見出す　43
5　アグロエコロジーを広めるために　46
6　アグロエコロジーは「百姓農業」　49

コラム
フランスの家族農業と小規模農業　フリージャーナリスト　羽生のり子　51
タイ農村訪問から交流へ、地場の市場づくりへ　作家・農業　山下惣一　56

Ⅲ　種子をめぐる世界と日本の状況　日本の種子を守る会　印鑰智哉

1　「モンサント法案」とは何か？　60
2　廃止された日本の種子法　62
3　種子法廃止の二つの理由　63
4　種子法廃止で何が変わる？　63
5　見直される農家の伝統的な種子　64
6　自由なタネなくして自由な社会はありえない　65
コラム
韓国の在来種子保全運動の動向　Seedreamの誕生と展開から　Seedream　金石基　66
タネをあやす　農家としての幸せな世界　長崎県雲仙市・農業　岩崎政利　71

Ⅳ 小農の権利に関する国連宣言

明治学院大学国際平和研究所 舩田クラーセンさやか

1 国連宣言はなぜ画期的か 76

2 「国連宣言」前史 76

3 国連人権理事会での協議の開始 79

4 ビア・カンペシーナの「小農の権利宣言」 80

5 諮問委員会案（第一草稿）からの変容 81

6 農村の自然と叡智を守り続けるために 83

小農と農村で働く人びとの権利に関する国連宣言 全文 85

コラム 農民連は小農の権利宣言にどのようにかかわってきたか 農民運動全国連合会 岡崎衆史 104

おわりに――日本での「家族農業の10年」の展開

小規模・家族農業ネットワーク・ジャパン（SFFNJ）呼びかけ人 108

コラム 仏ドキュメンタリー映画『未来を耕す人びと』の紹介 特定非営利活動法人APLA 吉澤真満子 112

はじめに――世界では農業政策の大転換が起きている

小規模・家族農業ネットワーク・ジャパン（SFFNJ）呼びかけ人

本書の目的

２０１７年12月20日の第72回国連総会で、２０１９～28年を国連の家族農業の10年（The UN Decade of Family Farming：DFF）とすることが全会一致で可決された。コスタリカが発議し、日本も１０４カ国の共同提案国に名を連ねている。これは、２０１４年の国際家族農業年（International Year of Family Farming：IYFF）を10年間延長し、国連加盟国に対して家族農業を中心とした農業政策の策定を求めるための国連の啓発活動である。この10年間に、国連加盟国は具体的な政策対応を迫られることになる。

このように、農業の大規模化や効率化、企業化を促進する政策から小規模な家族農業を重視する政策に、国際社会は大きく舵を切った。なぜ今、国際社会は家族農業の役割を再評価し、その政策的支援に乗り出そうとしているのか。本書は、国連の家族農業の10年が誕生するまでの経緯と、これからの10年間にどのようなことがめざされているのか、できるかぎりわかりやすく解説することを目的として編まれた。

本書は家族農業および関連の深いテーマをカバーする４つの章とコラムで構成されている。国連食糧農業機関（ＦＡＯ）のヴィッャレアル氏からは特別に本書出版によせて原稿をいただいた。さらに、日本農業の現場についてのコラム（岩崎氏）、タイ、香港、韓国、およびフランスの状況に関するコラム（山下氏、安藤氏、金氏、羽生氏）、小農の権利宣言をめぐる議論と日本の農民団体の関わりを追ったコラム（岡崎氏）、世界5カ国（フランス、インド、カメルーン、カナダ、エクアドル）の家族農業のドキュメンタリー映画に関するコラム（吉澤氏）が、多様な視点からみた家族農業の姿を伝えている。以下に4つの章のそれぞれの狙いとポイントについてまとめた。

国連の家族農業の10年が目指すもの

Ⅰは、国連の家族農業の10年が設置されるにいたった経緯とその意義について解説している。２０１４年の国際家族農業年が誕生した背景からひも解き、なぜ小規模な家族農業が国際的議論の中心に位置づけられるようになったのか論じている。また、政策論でも学術的議論でも誤解が多い「家族農業」という概念をめぐって、「小規模農業」表現と比較しながら整理し、現在入手可能な統計データからその役割について見える化している。

特に、国連の持続可能な開発目標（ＳＤＧｓ）との関係において、家族農業がどのように位置づけられているのか、また家族農業の10年において何が目指されているのか、明らかにしている。日本においても小規模な家族農業が重要な役割を果たしており、その政策的支援が求められていることが指摘される。

なぜアグロエコロジーは世界から着目されるのか

Ⅱは、多くの読者が聞きなれないであろう「アグロエコロジー」について、わかりやすく論じている。アグロエコロジーとは、直訳すれば「農業生態学」となるが、一学問分野にとどまらず、生態系の助けを借りて営まれる農法の実践であり、またその実現のための社会運動である。現在、国際社会において農業・食料のあり方やその政策を語る際に、アグロエコロジーというキーワードなくしては語れないというくらい重要なものになっている。２００６年の国際比較研究が、農薬・化学肥料に依存した慣行農法を農薬・化学肥料を用いないアグロエコロジー農法に切り替えれば、８割も収量が増加することを明らかにしたことから、一躍、アグロエコロジーは国際的に注目されるようになった。

アグロエコロジーは農業生物多様性を守り、飢餓や地球温暖化、経済格差等の社会問題にも対応することができると期待されている。また、アグロエコロジーは伝統的な農法や知に立脚しており、小規模・家族農業を中心とした農業・食料生産と産消提携による流通・消費を通じて、食料主権の実現にも重要な役割を果たすと評価されている。すなわち、オルタナティブな農業・食料のあり方を求める今日の社会運動の多くが、アグロエコロジーの下に集結しているといってよい。(注1)

種子をめぐる世界と日本の状況

Ⅲは、農業・食料の根源である種子について取り上げ、近年の知的所有権による囲い込みにより小規模・家族農業が自家採種や種子の交換、栽培から疎外される状況が広がり、さらにそれが国際条約や国内法において制度化されていることが詳しく述べられている。

特に、2018年4月に日本で主要農作物種子法（以下、種子法）が廃止されたことの意味と影響を、こうした国際的文脈の中に位置づけて解説している点は重要である。農家に対する良質で安価な種子の安定供給における公的機関の役割を定めた種子法が、多くの市民が知る間もなく廃止され、民間企業主導の種子市場への移行がめざされている。

しかし、種子法を復活させる法案が国会に提出され、都道府県レベルで独自の種子条例を制定するなど、新たな動きも始まっている。また、各地で地域の在来種子を保存する活動も活発になっており、日本でも種子への権利や食料主権に目覚める農家や市民が増えていることが伝えられる。

小農の権利に関する国連宣言

Ⅳは、2018年12月に国連総会で採択された「小農と農村で働く人びとに関する権利国連宣言」（以下、国連宣言）が、どのような背景で提案されたのか、またどのような議論をへて採択にいたったのか、そしてどのような点で画期的な権利宣言となったのか、詳しく解説している。

国連宣言の土台となったのは、世界的農民運動組織のビア・カンペシーナが2008年に発表した「小農の権利宣言」であった。つまり、この国連宣言の成立において、小農自身、それも特に女性が主導的役割をはたしたのである。この頃から国連の議論は、食料・栄養問題を人権アプローチでとらえる方向に転換している。

全27条からなる国連宣言（全訳を本書に掲載した）は、特に食料主権、土地や種子への権利をめぐって各国政府代表や国際ＮＧＯ、農民団体、市民団体の間で攻防があったが、最終的に国連総会において賛成多数で採択にいたった。このとき日本が棄権したことは、今日の日本の農業・食料政策のあり方を再考し、今後を展望するうえで重要な材料となる。

日本はどこへ行くのか

国連の家族農業の10年のもとになった国際家族農業年の設置の動きが始まったのも、アグロエコロジーや種子への権利、土地への権利や食料主権の概念が国際的に認知され、小農の権利に関する国連宣言に向けた動きが始まったのも、２００８年頃である。これは決して偶然ではない。本書でも指摘されるように、国連や国際機関、加盟各国における農業・食料をめぐる議論の流れが大きく変わった背景には、２００７／２００８年の世界的食料危機がある。また、この頃に国際的に拡大したランドグラブ（土地収奪）も、「神の見えざる手」による予定調和論に対する悲観的見方と、より積極的な政策的介入の必要性を訴える国際世論形成を結果的に後押しした。飽食を謳歌する日本の中にいると、私たちはこうした国際社会の議論の変化にどうしても疎くなりがちなため、本書ではその具体的な変化とその背景、帰結を紹介している。

さらに、食料危機だけでなく、エネルギー危機や気候変動、２００９年の世界経済危機、その後幅広く認知されるようになった格差の問題も、それまでの新自由主義的な経済政策に対する批判と新たな社会システムを求める大きなうねりにつながった。日本でも、これらの危機に続いて起きた、２０１１年の東日本大震災と福島の原発事故を契機に、社会のあり方を問い直し、経済成長偏重の社会評価軸を見直す機運が高まった。

しかし、残念ながら現在の日本は、これまでの農業・食料のあり方や政策を総点検し、新しく再構築しようとする世界の潮流から取り残されているようである。本来ならば、世界のどの国よりも農家の高齢化が進み、輸入食料に依存している日本で、いち早く農業・食料政策の転換が求められているのではないだろうか。

日本で農業・食料を通じて社会システムのあり方を

問い直す動きが遅れている原因のひとつは、情報不足だと思う。主要メディアでは、こうした海外の動向がほとんど伝えられていない。政府機関や学界も同様の課題を抱えているように感じられる。本書が、ささやかながら、こうした情報のギャップを埋める一助となれば、編者として望外の幸せである。日本で家族農業を営む方はもとより、農業団体や消費者団体、市民社会組織、政府関係者、学生や研究者など、幅広い読者が、今後の農業・食料、ひいては社会のあり方を検討する際に役立てていただければと思う。

なお、本書の記載に関しては、情報の正確性を期することに努めたが、至らない点があるかもしれない。お気づきの点があれば、忌憚のないご意見を賜りたい。

（注1）かつての有機農業が経験したように、アグロエコロジーもまた認証による標準化と企業による盗用の可能性に直面しているが、FAOは国際NGOや農民団体とともに世界共通のアグロエコロジーの評価基準の策定を進めている。

ブックレットの出版によせて

国連食糧農業機関（ＦＡＯ）パートナーシップ・南南協力部長[注1]　マルセラ・ヴィッヤレアル

社会の移行期と家族農業

世界的な人口の増加と近年の食生活の変化を考慮すると、２０５０年までに現在よりも60％多くの食料を生産する必要があると見積もられています。これは気候変動と自然資源の枯渇の中で達成されなければなりません。世界中の漁家や林家を含む家族農家は、世界の５億７０００万の農場のうち５億以上を占めており、世界の食料の70％以上（価格ベース、２０１６年現在）を生産しています。しかし、世界の多くの地域では、農業が貴重な就業機会（雇用）をもたらしているにもかかわらず、若者が農業に従事することを希望せず、都市部への移住を選ぶ傾向にあるため、農業は世代交代の問題に直面しています。

こうした状況をふまえ、家族農家が直面している数々の制約を克服し、都市化と人口増加の中で持続的に食料・栄養を供給するという課題に家族農家が取り組むことができる環境を構築する必要があります。食料の持続可能性を多元的（環境的、社会的および経済的）に実現する必要性が高まっており、そのためにはフード・システムと農村開発の新しいパラダイムが求められています。私たちは農業生産だけに焦点をあてるのではなく、環境保護、農村住民への雇用と社会開発の機会提供など、複雑で相互に影響し合っている目標を考慮しなければなりません。

家族農家は、この社会の移行期の中心にいます。家族農業は、地域と農村の現実に強く組み込まれている多元的で多層的な存在です。家族農業において、農場と家族、食料生産と家庭生活、農場の所有と仕事、伝統的な知識と革新的な農業のソリューション、農業の過去、現在、未来は深くからみ合っています。したがって、家族農家には農業の環境的持続可能性を促進し、生物多様性と生態系を維持し、復元する潜在能力があります。彼らは伝統食品を伝承し、バランスのとれた食事を提供し、農村地域の文化遺産を保全する人々です。

国連「家族農業の10年」のねらい

2017年に国連食糧農業機関（FAO）は、政府と275以上の農業・農村団体、研究機関、国際機関とともに、「家族農業の10年」設置のための国際キャンペーン「IYFF+10」(注2)を公式に支援しました。2017年12月、第72回国連総会は「国連家族農業の10年（2019〜2028年）」を宣言しました。家族農業の10年は、持続可能な開発目標（SDGs）に向けた農業の発展を支援する公共政策を策定・実施するためのまたとない機会です。国連総会で任命されたFAOと国際農業開発基金（IFAD）は、多様なパートナーとともに、家族農業の10年の実施を共同で主導します。

家族農業の10年は、国際家族農業年（2014年）の成功を受けて採択されました。この国際家族農業年には、家族農業と小規模農業が飢餓と貧困の撲滅、食料保障と環境保護の実現に重要な役割をはたしていることが幅広く認知され、小規模・家族農業に対する各国政府の政治的コミットメントの高まりがみられました。家族農業の10年は、家族農業が農的生物多様性の保全、コミュニティの構築、食料・栄養の保障、農村地域における雇用・事業機会の創出によって社会福祉に貢献することを通じて、SDGsの達成に貢献します。家族農業を支援することは、SDGsの中で特定されたグローバルで互いにからみ合った多元的課題に、包括的で協調的、かつ統合された方法で対応する絶好の機会になります。

家族農業の10年の枠組みの中で、FAOは、持続可能な農業、生物多様性の保全、食料保障、貧困撲滅、環境持続可能性、および資源、投資、意思決定、技術、農業イノヴェーションへの家族農家のアクセス向上に引き続き努めていきます。また、FAOは、政策、農業・農村団体、およびパートナーシップの革新、栄養価の高い食料の生産、加工、販売、消費を支援し、食料・農業システム全体にわたって持続可能性と公平性をもたらす「アグロエコロジー・スケールアップ・イニシアティヴ」(注3)を主導しています。家族農家はアグロエコロジー的農業知識の重要な保有者であり、したがって、このイニシアチブの鍵となる存在です。家族農家の知識は、地域におけるアグロエコロジーの革新プロセスを持続し地域の農業遺産システムを維持するためにも不可欠です。

家族農業支援の機運の高まり

今、家族農業支援の機運は国際的に高まっています。2018年10月にマドリードで開催された「飢餓と栄養不良に関する世界国会サミット」(注4)では、特に家族農業による持続可能な食料生産への支援を通じて、健康的な食事への持続的アクセスを改善・確保するための法律、政策、プログラムを推進することを、最終宣言の中で謳っています。これにより、最も脆弱な立場にある人々に権限を与えることを目的とし、ジェンダーに配慮した貧困削減、適切な雇用、および社会的保護措置に同時に取り組むことができます。

2018年12月、国連総会は、「小農と農村で働く人々の権利に関する国連宣言」を採択しました。この宣言は、飢餓、食料不安、栄養不良との闘いに大きな貢献をしているにもかかわらず、飢餓の影響を最も受けやすい小農と農村に住む人々の人権、特に土地への権利、種子への権利、食料主権、市場アクセス権、公正な労働条件への権利、および公共政策の策定への参加の権利を認めています。FAOは、同宣言のためにワーキング・グループが設置された当初からこのプロセスに関わり、宣言の成立に向けた支援をしてまいりました。

家族農業の10年の準備は加速しています。この10年のためのアクション・プランは、世界、地域、国レベルの多様なステークホルダーとの包括的な協議を通じて起草されつつあります。政府、国際機関、国連機関、農業団体、市民社会組織、学界、研究機関、民間企業等の間での広範な対話を通して、家族農業の10年は、中長期的な世界共通のビジョンに向かってともに行動するチャンスとなるでしょう。

日本への期待

２０１８年中頃、日本は、２０１５年６月にＦＡＯが設置したウェブサイト「家族農業の知のプラットフォーム」（Family Farming Knowledge Platform：FFKP）[注5]のユーザーネットワーク[注6]のアジア太平洋地域のパイロット国に選ばれました。ＦＦＫＰは、家族農業に関する世界、地域、国レベルの既存の情報を統合・体系化し、政策立案者、家族農業組織、開発の専門家に知識を提供するための情報アクセス・ポイントとなっています。日本では、アジア太平洋地域のパイロット国として、家族農業に関わる当事者間の対話、連携、ネットワーク化が加速されることが期待されています。

本ブックレット出版に際し、日本で家族農家が直面している課題が認識され、それらの課題解決のための対話が生まれることに、本書が大きく貢献することを願っています。また、農村コミュニティの存続可能性を高め、より持続可能で包括的な未来のために、本書が政策をめぐる議論を促進し、関連分野の研究における優先的課題を特定し、家族農家を強化し支援する多様な方法を提案する上で役立てられることを願ってやみません。ネットワークと知識を結びつけるかたちで、日本において家族農家の声を反映した家族農業の10年のワーク・プランが国レベルで策定されることを期待しています。

日本語訳：関根佳恵（愛知学院大学・ＳＦＦＮＪ呼びかけ人代表）

（注１）南南協力部はＦＡＯにおいて南の国（途上国）同士の協力を推進する部局である。
（注２）国際家族農業年＋10年（International Year of Family Farming +10）のキャンペーンを意味している。
（注３）詳しくは、ＦＡＯのウェブサイト（http://www.fao.org/about/meetings/second-international-agroecology-symposium/en/）を参照。
（注４）詳しくは、ＦＡＯのウェブサイト（http://www.fao.org/about/meetings/global-parliamentary-summit/about/en/）を参照。
（注５）詳しくは、ＦＡＯのウェブサイト（http://www.fao.org/family-farming/en/）を参照。
（注６）詳しくは、ＦＡＯのウェブサイト（http://www.fao.org/family-farming/network/vn/）を参照。

I

国連の「家族農業の10年」がめざすもの

愛知学院大学准教授・ＳＦＦＮＪ呼びかけ人代表
関根佳恵

２０１４年の国際家族農業年（International Year of Family Farming：IYFF）をへて、２０１９〜28年を国連の家族農業の10年とすることが、２０１７年12月20日の第72回国連総会で決定された。日本を含む１０４カ国が共同提案し、全会一致で議案が採択されたことは、世界の農と食をめぐる政策の新たな時代の幕開けを感じさせる。

さらに、２０１８年12月17日に国連総会で「小農と農村で働く人びとに関する権利国連宣言」が採択されたことは（本書第Ⅳ章参照）、これまでの農業・食料政策を支えてきた理論や前提を大きく問い直す機運が国際的に高まっており、新たな道の構築がすでに始まっていることを印象づける。

本章では、国際家族農業年から家族農業の10年が誕生するにいたった経緯、家族農業という概念、国連の持続可能な開発目標（ＳＤＧｓ）における家族農業の位置づけ、および家族農業の10年が何をめざすのかなどについて、Ｑ＆Ａや図解を用いて解説する。

１　国際家族農業年から家族農業の10年へ

（１）農業近代化のひずみと家族農業の再評価

家族農業は、ＳＤＧｓの中でも持続可能な社会への移行を図るためのキーアクターとなっており、現在、こうした認識に基づいた政策アドボカシー（提言）が国際的に展開されている。それでは、いつ頃からこのような気運が高まってきたのだろうか。

第二次大戦後、経営規模の拡大による効率化や機械化、農薬・化学肥料の投入、新品種の導入、灌漑等による農業の近代化が先進国、途上国を問わず広く推進されてきた。さらに、１９８０年代以降の新自由主義的グローバリゼーションと構造政策の時代には、農業の近代化は貿易自由化、規制緩和、農業補助政策の後退と一体的に進められてきた(8)。しかし、一連の政策がもたらした負の側面として、貧富の格差拡大、小規模・家族農業の経営難と高齢化や離農、移民、スラム形成、貧困・飢餓等の問題が指摘されている。特に、１９９０年代以降は多国籍企業の国際的規制が緩和されるなかで、土地や種子、水などの自然資源をめぐって、多国籍企業や国家による新たな囲い込み（ニュー・エンクロージャー）が起きている。家族農業を営む人びとは、こうした新たな動きに最前線で対峙しており、地域によっては人権侵害や生命の危機にさらされている。

さらに、２００７〜08年の世界的な食料危機の発生を受けて、既存の食料・農業政策、農村開発政策のあり方への批判的検討がなされ、それらの政策からの方向転換をはかる機運が国連機関や国連加盟国間で高まってきた。さらに、それに続く世界的金融危機・経済危機により、食料・農業のあり方だけでなく、社会経済システムそのもののあり方を根本的に問い直す動きが世界的に広がった。グローバル化や都市化、国際市場競争、気候変動にくわえて、上記のように土地や種子といった農業の基本的生産要素が企業や国家による包摂の対象となっていることで、家族農業が世界各地で存続の危機に直面していることもまた、国際社会に緊急の行動をせまったかたちだ。

こうして２０１０年頃を境に、国連食糧農業機関（ＦＡＯ）、国際農業開発基金（ＩＦＡＤ）、国連貿易開発会議（ＵＮＣＴＡＤ）、国連世界食料保障委員会（ＣＦＳ）などの国際機関は、相次いで家族農業や小規模農業に関する国際会議を開催し、報告書を発表して、それまで国際社会が黙止してきた家族農業の役割と潜在的能力を高く評価し、各国に政策的支援の強化を求めるようになった。

（２）市民組織、農民組織が国連・ＦＡＯを動かす

なお、家族農業の再評価と支援の気運の高まりは、国連機関のみでなく農民組織や市民社会の長年にわたるアドボカシーの成果でもある。特にスペインのバスク地方に拠点を置く国際ＮＧＯの世界農村フォーラム（World Rural Forum：WRF）は、ＦＡＯ、ＩＦＡＤ、および国連加盟国の政府と連携しながら、２００８年頃からアドボカシーを強化し、２０１４年の国際家族農業年および２０１９〜28年の国連家族農業の10年の設置において主要な役割をはたした。また、世界最大の農民組織ビア・カンペシーナは、小農の権利宣言やアグロエコロジーの推進において、国連人権理事会やＦＡＯなどの取り組みに大きな影響を与えてきた。

さらに、ＦＡＯ内部においても、同じ頃から従来の農業政策、農村開発政策を見直す動きが生まれており、世界農業遺産（ＧＩＡＨＳ）のように持続可能な

小規模・家族農業の保護と支援に政策の舵をきっている。こうした政策の見直しは、国連のポスト・ミレニアム開発目標（２０００～15年）、国連気候変動枠組条約や生物多様性条約の締約国会議（ＣＯＰ）などでの議論と並行して行われており、国連の持続可能な開発目標（ＳＤＧｓ）（２０１６～30年）の中に結実している。

（３）家族農業をめぐる国際キャンペーンの展開

こうした背景から、国連は２０１１年の第66回国連総会で２０１４年を国際家族農業年と定め、国連機関や国際ＮＧＯなどとともに国際的な啓発活動を展開した。また、この年の前後には家族農業に関する国際会議も世界各地で開催されており、政界および学界でも家族農業や小規模農業の再評価がなされている。例えばＥＵ農相は、２０１３年９月の非公式会合で「家族農業がＥＵ農業のモデルである」ことを確認する声明を発表しており、同年11月には、欧州委員会が家族農業に関する国際会議を開いた。大規模農業のイメージが強い米国を含む45カ国では家族農業全国会議(National Committee of Family Farming）が組織され、65カ国で国際家族農業年のサポーター組織が誕生した(9)。フランスでは「家族農業を支持するパリ宣言」（２０１４年２月）が発表され、スペインでは、家族農業法の制定とＥＵ共通農業政策（ＣＡＰ）における家族農業支持を求める動きにつながった。学界においても、家族農業や小規模農業に関する研究集会や出版が相次いでいる。(注１)

２０１４年の国際家族農業年は、それまで30年余り続いてきた新自由主義的な農業・食料政策を国際的に見直す機運を高めた。すべての国・地域が家族農業による地域食料生産を発展させる権利を有していることを宣言した「ブラジリア・マニフェスト」（２０１４年）は、国際家族農業年の10年間延長を求める国際的キャンペーン活動（ＩＹＦＦ＋10）(注２)に連なり、２０１７年12月の国連総会で家族農業の10年の設置案採択を実現した。

この国際的キャンペーンは、２０１４年国際家族農業年の創設にも関わったＷＲＦが事務局を務め、ＦＡＯやＩＦＡＤ、国連加盟各国の支援を受けて展開された。２０１４年以降、このキャンペーンを支援する組織が世界各地に誕生しており、日本では２０１７年６

月に有志の呼びかけによりキャンペーン・サポーター組織「小規模・家族農業ネットワーク・ジャパン」(Small and Family Farming Network Japan：SFFNJ)(注3)が誕生した。2019年1月現在、SFFNJは13団体、240余人の賛同団体・賛同者とともに、国連の家族農業の10年に関わる啓発活動と情報共有に取り組んでいる。さらに、FAOは、世界各地のサポーター組織や家族農業に関心をよせる農業生産者、政策立案者、市民団体、研究機関等の間の情報共有を促進するために、2015年6月に「家族農業の知のプラットフォーム(Family Farming Knowledge Platform：FFKP)」というウェブサイトをたちあげ(注4)、家族農業の10年に向けた準備を進めている。

図1　世界の農場数の90%以上が家族農業である

資料：FAO 2018a

イラスト：岩間みどり（以下同）

2　家族農業をめぐるQ&A

本節では、家族農業の定義やその位置づけ等について、Q&Aのかたちで紹介する。家族農業には論者によって複数の定義があるが、混乱を避けるため、ここでは国連が用いている定義を中心に紹介した。なお、ここでの議論は、日本のような先進国だけでなく、途上国を含めた世界全体を対象としている。以下は、重複する部分もあるが、読者がどのQ&Aからでも読めるようにした。

Q1　家族農業とは？

A1　国連では、家族農業(Family Farming)を「家族が経営する農業、林業、漁業・養殖、牧畜であり、男女の家族労働力を主として用いて実施されるもの」と定義している(3)。国連の統計によると、世界の農場数の90%以上―5億戸以上―は、家族または個人によって経営されており(図1)、世界の農地の70～80%を用いて(図2)、世界の食料の80%以上を供

図2　家族農業は世界の農地の70～80%を占めている

資料：FAO 2014b

図3　世界の食料の80%以上を家族農業が供給している

資料：FAO 2018a

給している（価格ベース、図3）。

　このことから、家族農業は食料保障の要であり、貧困と飢餓の撲滅において最も重要な役割をはたす存在と位置づけられている（4）。家族農業を営む人びとは、家族農業部門に対する最大の投資主体であるとともに、世界最大の雇用創出部門である[注5]（4）。家族農業を営む人びとの多くが地元に経済的基盤を置いていることから、地域経済やコミュニティの活性化にも大きく貢献している。さらに、地域のレジリエンス[注6]を高め、郷土の伝統や遺産、生態系や景観を守ることにも寄与している（3）。

　さらに、もう一つ重要なのは、「家族労働力を主として用いる」と定義している点だ。すなわち、これは「家族労働力が全農業労働力の過半（50％以上）を占めている[注7]」ことを意味する。つまり、雇用労働力（常雇・臨時雇）があったとしても、それは全農業労働力の半分未満にとどまっているということだ。

　これは、国・地域や作目によって比較が困難な農業経営を、経営規模の上限と経営目標などに影響すると考えられる労働力の保有状態によって類型化する方法である（1）。このため、「家族経営農業」が「家族が所有・経営する農業」の全てを指し、雇用労働力が全農業労働力の過半を占めるような大規模・企業的経営も含むのに対して、上記のように国連が定義するところの「家族農業」は「家族労働力を主として用いる」小規模な農業を指しているという違いに注意が必要である。

Q2　家族農業における「家族」とは？

A2　国連では、家族農業（Family Farming）を「家族が経営する農業、林業、漁業・養殖、牧畜であり、男女の家族労働力を主として用いて実施されるもの」と定義している(3)。家族農業において、農業部門と家計部門はたがいに密接に結びついており、その経済的、環境的、社会的、文化的機能は家族農業の中で一体化している[注8](6)。

家族には、核家族もあれば拡大家族もあり、直系家族もあればおじ・おば、いとこと同じ生計を営む大家族もある。先進国では農家一戸当たり数人が平均的な構成員数だとすれば、途上国では十数人から数十人規模の家族農業もまれではない。家族は血縁や婚姻によって結ばれているケースもあれば、養子縁組、事実婚もあるだろう。今日、家族のあり方は多様化しており、男女の性別による役割分担（ジェンダー）やイエ制度にもとづく相続関係も変化しつつある。

Q3　家族農業における「農業」とは？

A3　国連では、家族農業（Family Farming）を「家族が経営する農業、林業、漁業・養殖、牧畜であり、男女の家族労働力を主として用いて実施されるもの」と定義している(3)。このことから分かるように、「農業」（Farming）として代表させているものの、そこには林業、漁業・養殖、牧畜も含まれている。さらに、狩猟や採集も、これに準じる生業に位置づけられる。

世界各地の農村地帯で極度の貧困状態にある人びとの約40％が森林で生活している（図4）(3)。また、山岳農業のほとんどは家族農業であり、林業と農業の組み合わせは複雑な自然資源管理システムとして世界各地で実践されている。世界で漁業を営む1・4億人の90％は、小規模な家族漁業である（図5）。彼らは、人類が消費する魚介類の60％以上を供給している（図6）(6)。世界で2億～5億人と推計される牧畜家

図4　農村地帯で極度の貧困状態にある人びとの約40%が森林で生活している

資料：FAO 2018a

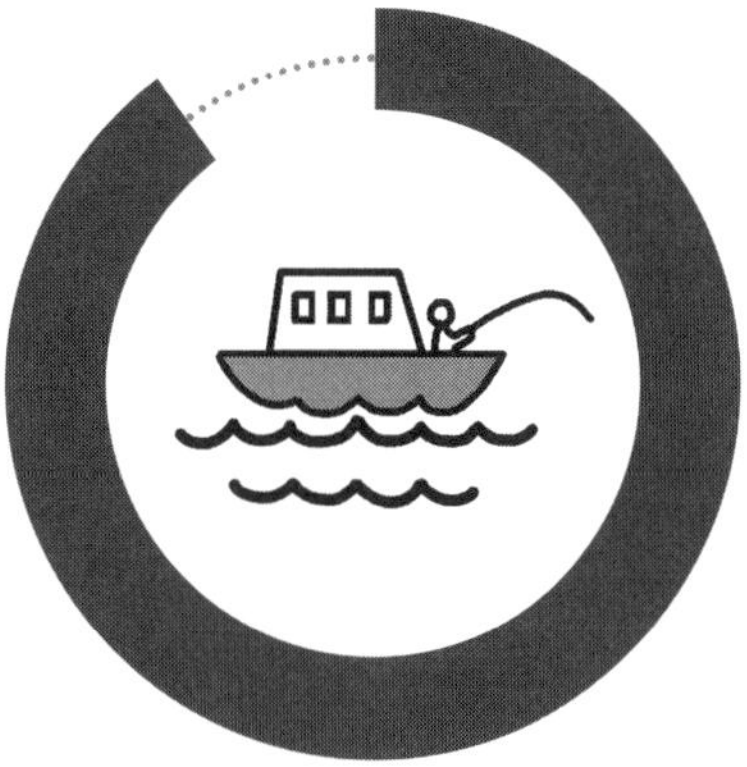

図5　世界で漁業を営む1.4億人の90%は、小規模な家族漁業である

資料：FAO 2018a

図6　家族漁業は魚介類の消費量の60%以上を供給している

資料：FAO 2018a

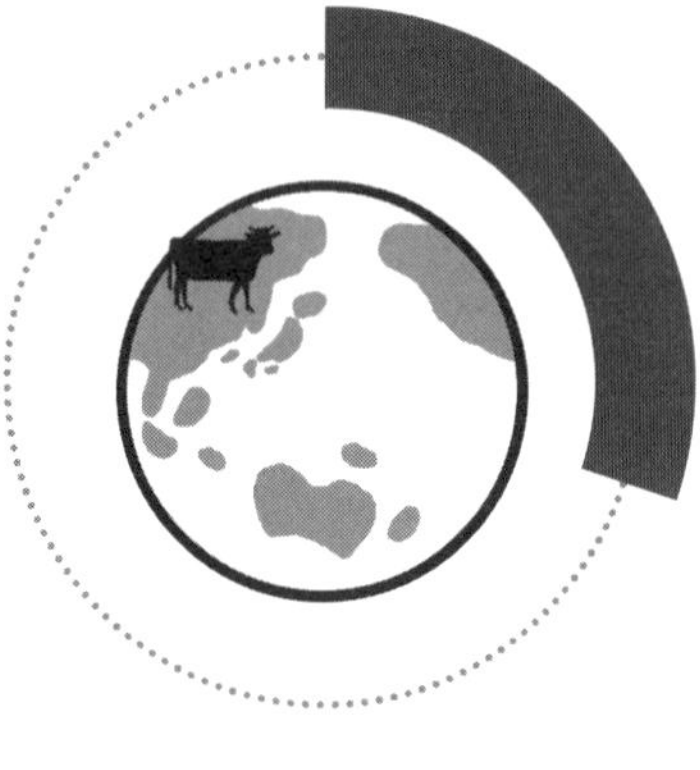

図7　世界で2億〜5億人と推計される牧畜家は、地球の地表の3分の1を占める土地で牧畜や移牧、遊牧を営む

資料：FAO 2018a

は、地球の地表の3分の1を占める土地で牧畜や移牧、遊牧を営んでいる（図7）。彼らは、地球上で最も過酷な環境（砂漠やサバンナ、山岳地帯等）で牧畜を営み、これらの地域の食料保障に重要な貢献をしている(3)。

Q4　家族農業と小規模農業の違いとは？

A4　国連は、家族農業（Family Farming）を「家族が経営する農業、林業、漁業・養殖、牧畜であり、

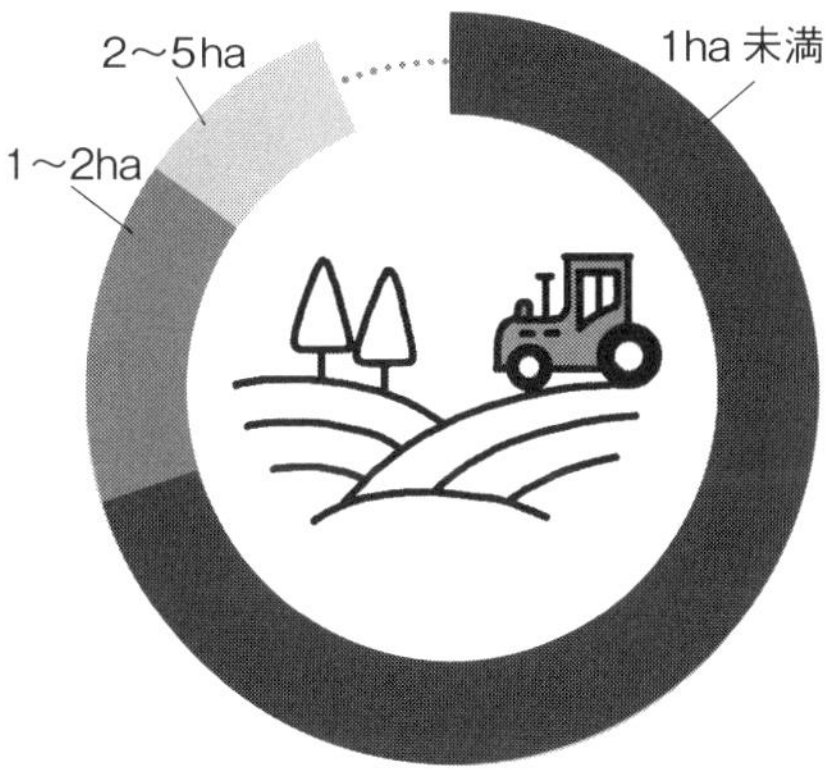

図8　世界の農業経営体の72.6％が経営規模1ha未満であり、84.8％が経営規模2ha未満である

資料：HLPE 2013

男女の家族労働力を主として用いて実施されるもの」と定義し(3)、小規模農業（Smallholder Agriculture）を「家族によって営まれており、家族労働力のみ、または家族労働力をおもに用いて、所得の（…）大部分をその労働から稼ぎ出している農業（耕種・畜産・林業・養殖業）のこと」と定義している(2)。この定義から、家族農業と小規模農業はほぼ重なる存在として位置づけられているといえるだろう。

しかし、多様な論文や報告書で取り上げられている「家族農業」と「小規模農業」は、それぞれ独自の定義が著者によってなされているので、引用や比較を行う際には、それぞれの定義がどこまで共通しているのか確認することが、議論の混乱をさけるために重要である。特に、統計を用いる場合、何を指標としてデータを扱っているのか注意を払う必要がある。例えば、「家族で営まれている農業」という統計指標を用いて家族農業を計測する場合と、「経営規模2ha未満」を「小規模農業」と定義して計測する場合では、おのずと計測結果は異なる(5、7)。

ちなみに、比較可能な世界81カ国の統計（世界農業センサス）をもとに計測すると、世界の農業経営体の

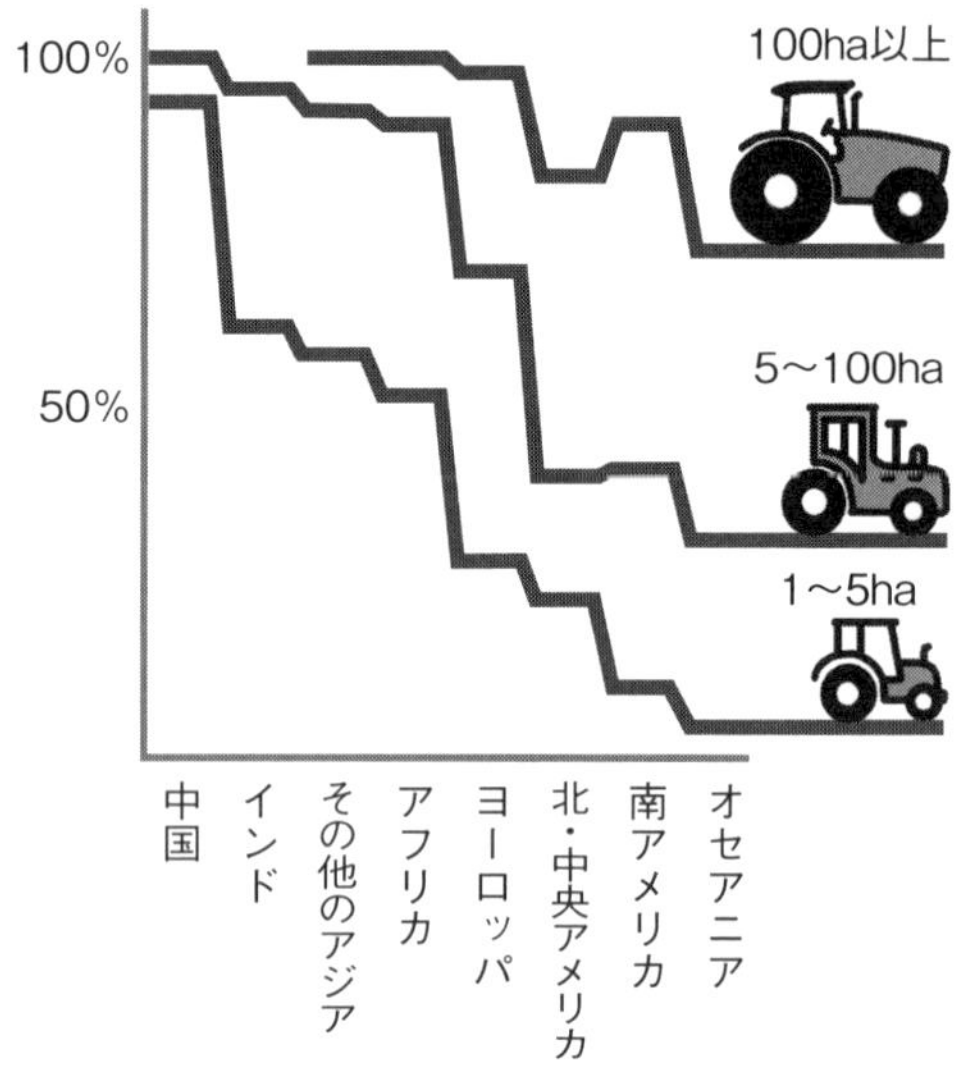

図9　経営規模別の農業経営体数の割合は、地域によって多様である　資料：HLPE 2013

72・6%が経営規模1ha未満であり、84・8%が2ha未満、94・2%が経営規模5ha未満である(図8)。さらに、経営規模別の農業経営体数の割合は、地域によって多様性がある(図9)。このため、具体的な政策を議論する際には、各国・地域の農業の実情に合わせた、より詳細な家族農業や小規模農業の定義や類型化が求められる。さらに、各国で統計予算が削減される傾向にあるが、エビデンスにもとづいた政策議論をするためには、適切な実態把握につながる統計の整備と実施が必要不可欠である。

Q5　家族農業を営んでいるのは、どんな人たち?

A5　家族農業というと、その構成員の多様性はしばしば捨象されてしまう。家族農業には、専業農家もあれば、兼業農家もある。販売農家もあれば、自給的農家もある。今日の日本の政策では、専業農家や販売農家、それも特に法人化や経営規模の拡大を指向する「プロ農家」が「担い手」として政策的支援の中心に位置づけられている。しかし、兼業は世界的にみられる農業の普遍的姿であり、近年は兼業農家のレジリエンスの高さが再評価されている(2)。さらに、家族農業は世代継承によって代々受け継がれることもあれば、新規参入や廃業による退出がみられ、ダイナミックな変化をしている。

また、当然のことながら、家族農業を営んでいるのは男性だけではなく、女性もきわめて重要な役割を果たしている。しかし、いまだに農業を営む女性の役割が正当に評価されているとはいいがたい。家族農業に携わる女性は、しばしば農業だけでなく副業（自営業・雇用労働）に従事して、家族のニーズを満たすとともに、所得源の多様化とリスク分散に貢献している。途上国・移行経済国では、農業労働力の43％が女性によってもたらされている(3)。しかし、各国の制度や慣習によって、女性は男性に比べて、生産資源（土地、家畜、労働力）や機会（教育、普及、金融サービス、技術）へのアクセスが限られており、女性が経営する農業の規模は、男性が経営する農業の規模より50～66％小さい（図10）(3)。そのため、国連は、

図10　女性が経営する農業の規模は、男性が経営する農業より50～66%小さい

資料：FAO 2018a

SDGsの目標5に掲げられるジェンダーの平等の観点に立ち、家族農業における女性の役割の正当な評価と農業女性の地位向上を訴えている。

若者もまた、家族農業の重要な担い手だが、先進国・途上国を問わず、世界全体で農業の後継者不足が深刻化している(3)。若者にとって、今日の農業は重要な雇用機会を提供しているにもかかわらず、労働に見合った報酬を得ることができないため営むことが困難だと認識される傾向にある。さらに、彼らは、女性と同様に、生産資源や金融サービス等へのアクセスが制限されている場合があることから、就農せずに職を求めて都市へ移住する傾向にある。そのため、家族農業の10年では、若者が就農できる環境を整備し、支援を強化することが求められている。

先住民も家族農業を営む主体として注目されている。世界の3・7億人以上の先住民（世界人口の5％、世界の貧困人口の15％を占める）は、5大陸の70カ国以上、世界の土地全体の22％で生活しており、その地域には世界の生物多様性の80％が存在する(3)。貧困撲滅や生物多様性の保護における鍵となる主体でありながらも、多くの国で先住民は土地に対する権利

や教育機会等を含めて、その人権が十分に保障されていない。そのため、国連は２００７年に「先住民族の権利に関する宣言」（Declaration on the Rights of Indigenous Peoples）を採択して、その権利保護を促している。

　土地なし農民（しばしば先住民でもある）も、家族農業の担い手として位置づけられている。家族農業を「小規模土地保有者」と定義した場合、こぼれ落ちてしまうこうした人びともまた、小規模土地保有者としての家族農業と同様の役割を担い、同様の課題に直面していることから、土地なし農民による農業も家族農業に準じて位置づけられている。

Q6　家族農業はどのような困難に直面しているのか？

A6　２０１６年現在、世界には21億人の貧困人口がおり、そのうち７・67億人は極度の貧困に、８・21億人は慢性的な飢餓に直面している(3)。世界の貧困・飢餓人口の約80%が農村地域で生活しており、その大部分が農林水産業を生業としている（図11）。

　さらに、市場の自由化による国際的価格競争や農業支持制度の改革、バイオ燃料等の台頭等により、家族農業は大きな変容を迫られている。また、家族農業を営む人びとは経済的困難に直面しているだけでなく、権利保障や社会的評価の面でも、政治的発言権・力の面でも、気候変動[注9]や土壌侵食といった環境面でも制約を受けている。特に、土地や種子といった農業を営むうえでの基本的資源へのアクセスやその権利は、ランドグラブ（土地収奪）や種子の囲い込み等によって、危機にさらされるケースが増えている。

　こうした事態は、途上国と形態は異なるとしても、

図11　世界の貧困・飢餓人口の約80%が農村地域で生活しており、その大部分が農林水産業を生業としている

資料：FAO 2018a

先進国でもみられるものであり、家族農業の後継者不足につながっている。特に日本の農業従事者の高齢化は世界トップクラスであり、家族農業が置かれている状況の厳しさを反映していると考えられる。

Q7　家族農業はなぜ「効率的」とみなされるようになったのか?

A7　これまで、家族農業は「小規模」で「非効率」、ときには「時代遅れ」の存在とみられることが少なくなく、したがって「大規模化」「法人化」し、「近代的技術・資本」を取り入れて、経営を「効率化」しなければならないと考えられてきた。特に、第二次世界大戦後の日本を含む各国の農業政策は、こうした共通理解をもとに「緑の革命」を代表とする近代的農業（機械化、改良品種、農薬・化学肥料、灌漑等）の普及にまい進してきたといって過言ではない。

こうした政策の下では、主に労働生産性（労働時間当たりの生産量・額）の向上が追求され、他産業（農業以外の工業・サービス業）に匹敵する所得を得られる水準まで経営規模を拡大すること、あるいは、輸入農産物と市場競争できる水準までコストを低減することが求められた。そのため、こうした政策目標を達成できない小規模な家族農業は「非効率」であると評価されてきたのである。

しかし、時代が変わり、農業に求められる役割が多様化してくると、農業の「効率性」を測る指標も多様化し、「効率的な農業」像自体が大きく変化してきた。

第一に、食料問題が大きな課題となり、かつ農地の減少や土壌流亡が深刻化するなか、土地生産性（単位土地面積当たりの生産量・額）の高い労働集約的な農業が見直されている。土地生産性は、粗放的な大規模経営よりも集約的な小規模経営のほうが高いことが一般的に知られている（2）。

第二に、気候変動への対応のためにも、石油等の枯渇性資源への依存から脱却し[注10]、希少化する資源を有効に活用する必要から、エネルギー効率性が21世紀の重要な効率性指標となった。農業生産のために投入するエネルギー1単位当たりから取り出せる農産物のエネルギー量を効率化するために、化石燃料への依存度が低い小規模な家族農業や伝統的農法が再評価されている[注11]。

第三に、世界各地で地方経済が停滞し、農村で人口減少と高齢化が進んでいる。他方で、多くの国・地域において都市では失業者や不安定雇用が増えており、特に若年層や移民に対する雇用提供が社会の安定化にとって喫緊の課題となっている。このような拡大する農村と都市の格差を埋め、国土管理や環境保全のために重要な役割を有する地方、特に山間部・中山間部で雇用を創出し、地域コミュニティを維持・活性化するために、小規模な家族農業は重要な役割を果たしていると評価されるようになった(2)。地域の外の企業を誘致するのではなく、すでに地域で営まれている家族農業を支援することで、こうした地域に生計を営む機会を増やすことができる。

また、都市農業においても、家族農業は都市への食料供給や食育、雇用創出、都市部の生活環境の向上等に重要な貢献をしている。家族農業のこうした社会的貢献を適切に評価すれば、家族農業の社会的効率性がみえてくる。

Q8　日本における家族農業の実態と役割とは?

A8　国連の家族農業の定義を適用して、日本の家族農業の実態をみるためには、正確には家族農業労働力の時間単位の統計（ＡＷＵ）[注12]が必要である。現在、研究者の間では、労働時間にもとづいた経営体の類型化や統計分析が進められている。

日本の農業経営体122万のうち家族経営体は118・5万（97％）と圧倒的多数を占めている（図12、農林水産省「2018年農業構造動態調査」）。経営規模別でみると、1ha未満の経営体が全体に占める割合は52・8％、5ha未満の経営体が全体に占める割合は91・1％（図13）、1経営体当たりの平均経営耕地面積は2・98haとなっている（同前）。日本でも他の先進国と同様に経営規模は少しずつ拡大する傾向にあるが、アジア・モンスーンに特徴的な集約的稲作を根幹とするため、その経営規模は欧米諸国に比べて小規模であるという特徴がある。

販売農家に占める専業農家の割合は32・2％、兼業農家の割合は67・8％（第1種15・6％、第2種52・2％）である（同前）。日本では農業就業者の高齢化が進んでおり、平均年齢は66・7歳となっている（農林水産省「2017年農業構造動態調査」）。また、耕作放棄地が農地面積に占める割合は1割にせまっており（2015年農林業センサス）、食料自給率が38％

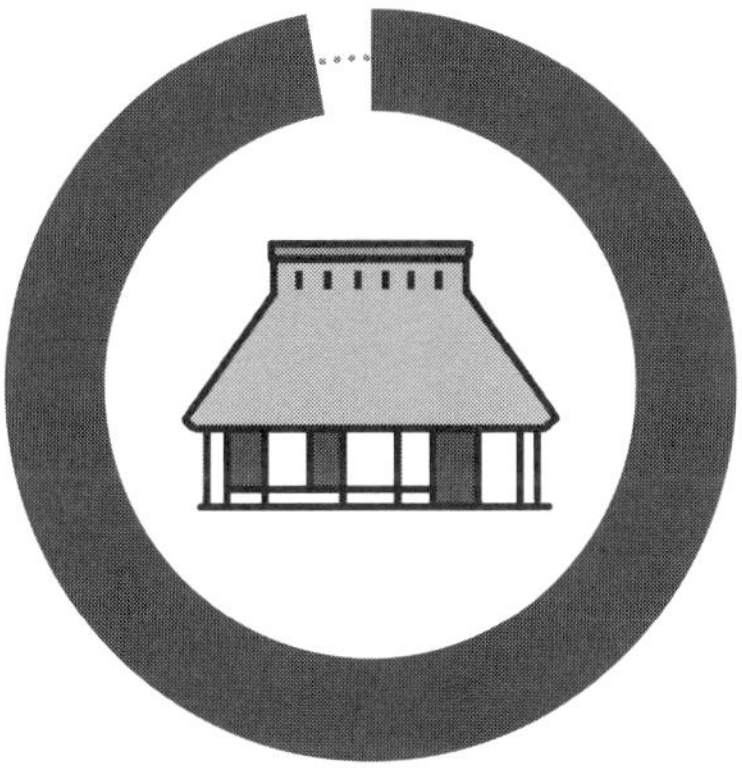

図12　日本の農業経営体122万のうち家族経営体は118.5万（97%）である

資料：農林水産省「2018年農業構造動態調査」

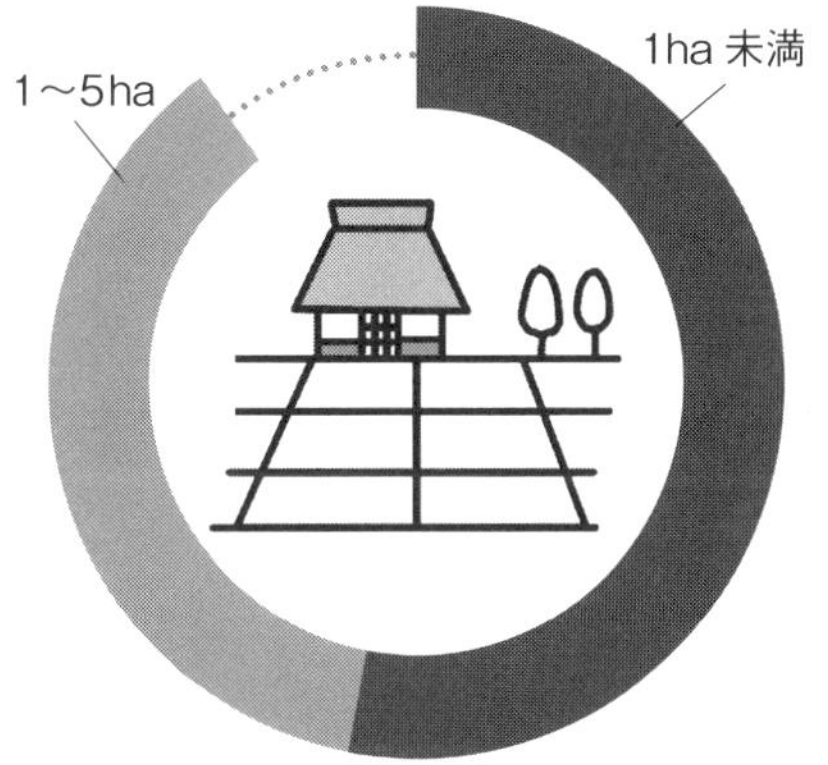

図13　日本の農業経営体で1ha未満が占める割合は52.8%、5ha未満は91.1%である

資料：農林水産省「2018年農業構造動態調査」

（カロリーベース、２０１７年）と低迷するなかで、農業生産構造の脆弱化が進んでいる。

　こうした状況のなかで、日本農業の大部分を占める家族農業は、他国と同様に食料供給や農業の多面的機能（国土保全、環境保護、生物多様性の維持、景観や伝統文化・遺産の維持・継承、農村地域における雇用創出や地域活性化等）において重要な役割を担っている。特に、利潤追求を第一義的な経営目標としない家族農業は、短期的な収益性にもとづいた農業参入・撤退を行うことは少なく、農業生産を安定的に営み、地域社会の持続的発展のために貢献する存在として、再評価されるべきだろう。

３　家族農業の10年がめざすもの

（１）家族農業の10年の実施体制

　それでは、家族農業の10年では、具体的にどのような目標がかかげられ、どのような運営体制で家族農業支援のキャンペーンが展開される予定なのだろうか。本節では、２０１８年11月現在の情報をもとにまとめる。

　家族農業の10年は国連総会の決議によって実施が決

定されており、すべての国連加盟国が取り組みの責務を負う。運営のために、国際運営委員会（International Steering Committee：ISC）が設置され、２０１８年11月からイタリアの首都ローマで定例委員会を開催している。ＩＳＣは、世界７地域（アフリカ、中東、欧州、北米、南米、アジア、南太平洋）[注13]から選出される各２カ国、合計14カ国、国連３機関（ＦＡＯ、ＩＦＡＤ、ＷＦＰ）、世界５地域の農民組織５団体、国際ＮＧＯ３団体、合計25の国・組織によって構成される。

２０１８年11月現在、ＩＳＣは、10年間の運営規則（ガイドライン）、活動目標と活動計画（アクション・プラン）、２年ごとに取り組む具体的な課題（ワーク・プラン）、モニタリング指標などを検討している。家族農業の10年が正式にスタートする２０１９年５月下旬以降は、具体的な活動の実施と各国における成果の取りまとめ、計画の達成度のモニタリング等を行う予定だ。世界における取り組みは、毎年10月にローマで開催される世界食料保障委員会（ＣＦＳ）の際に報告される。

家族農業の10年の実施主体は、各国で組織される家族農業全国会議（National Committee of Family Farming：NCFF）（仮称）であり、農民組織や協同組合、政策立案者、市民団体、研究機関等によって構成される。ＦＡＯは各国におけるステークホルダーのネットワーク化を上述の家族農業の知のプラットフォームを通じて支援しており、多様な主体によるエビデンスにもとづいた政策対話を後押ししている。特に日本は、アジア地域におけるネットワーク形成のパイロットカントリーとして選ばれており、世界からその動向が注目されている。

（2）ＳＤＧｓ実現のカギを握る家族農業

目下、ＩＳＣにおいて具体的な活動計画が検討されているが、大きな目標は、家族農業がＳＤＧｓに掲げられている以下の目標（図14）に貢献できる環境を、各国で整えることにある。ＳＤＧｓにおいて、家族農業は環境的持続可能性、食料保障、貧困削減の実現に貢献するとともに、表に掲げられている目標実現におけるキーアクターと位置づけられている（32頁の表）。

さらに、本書でも紹介されているアグロエコロジーの普及、および小農と農村で働く人びとに関する権利、国連宣言で謳われている権利（種子への権利、土

図14　SDGs全体図　　資料：FAO 2018a

地への権利、食料主権を含む）もまた、家族農業の10年で実現が求められている。こうした一連の目標は、個別の問題にそれぞれ取り組むことでは達成は難しいだろう。今必要なのは、社会全体のシステムを変革するホリスティック（全身治療的）でシステミック（体系的）なアプローチだ。

4　誰のための家族農業の10年か

少し前になるが、TPP（環太平洋経済連携協定）をめぐる議論の中で「1・5%のために98・5%が犠牲になる」という政治家の発言が物議をかもしたことがあった。つまり、「GDPの1・5%分しか貢献していない農林水産業が足かせになってTPP交渉が頓挫すれば、TPPで利益を得られるはずのGDPで98・5%を占める他産業が犠牲になる」という意味の発言であり、後に多方面から批判を浴びた。残念ながら、いまだに農業を日本経済や貿易自由化の「お荷物」だとする見方が根強い。

しかし、こうした農業の評価がなされること自体が、現在の日本が陥っている経済的指標に偏った価値観の歪みを表しているといえるだろう。なぜなら、農

表　家族農業と関わりの深い持続可能な開発目標（SDGs）

SDGs	家族農業の役割
1. 貧困撲滅	あらゆる場所のあらゆる形態の貧困を終わらせる。 1.4：資源とサービスへのアクセス 1.5：脆弱性とリスクの削減
2. 飢餓ゼロ	飢餓を終わらせ、食料保障および栄養改善を実現し、持続可能な農業を促進する。 2.3：土地やその他の生産資源・投入材、知識、金融サービス、市場、高付加価値化の機会、農外雇用へのアクセス向上により、農業生産性と小規模食料生産者（特に女性、先住民、家族農業者、家族牧畜家、家族漁業者）の所得を倍増する。
5. ジェンダーの平等	ジェンダー平等を達成し、すべての女性および女児の能力強化を行う。 5.A：経済的資源、土地および金融サービスの管理において、男女間の平等な権利を実現する。
7. エネルギー	安価かつ信頼できる持続可能で近代的エネルギーへのアクセスをすべての人々に確保する。
8. 持続可能な成長と雇用	包摂的かつ持続可能な経済成長、およびすべての人々の完全かつ生産的な雇用と働きがいのある人間らしい雇用（ディーセント・ワーク）を促進する。 8.5：完全雇用の実現、若者を含むすべての女性、男性にディーセント・ワークを提供する。 8.7：最も過酷な形態の児童労働を廃止する。
9. イノヴェーション	強靱（レジリエント）なインフラ構築、包摂的かつ持続可能な産業化の促進、およびイノヴェーションの推進を図る。 9.3：小規模な企業や産業に、安価な信用供与を含む金融サービスを提供する。
10. 不平等の是正	各国内および各国間の不平等を是正する。 10.4：社会的保護政策
12. 生産と消費のパターン	持続可能な生産消費形態を確保する。 12.2：自然資源の持続可能な管理と効率的利用 12.3：農業生産およびサプライチェーンにおける食品ロス削減 12.7：持続可能な公的調達の実施
13. 気候変動	気候変動およびその影響を軽減するための緊急対策を講じる。 13.1：レジリエンスと適応能力の強化
14. 海洋資源	持続可能な開発のために海洋・海洋資源を保全し、持続可能な形で利用する。 14.B：小規模漁業者の海洋資源および市場へのアクセス
15. 陸上資源	陸域生態系の保護、回復、持続可能な利用の推進、持続可能な森林の経営、砂漠化への対処、ならびに土地の劣化の阻止・回復および生物多様性の損失を阻止する。

資料：FAO 2018aおよび外務省ウェブサイト
https://www.mofa.go.jp/mofaj/gaiko/oda/sdgs/pdf/000270935.pdf（採録日：2018年11月25日）

業の価値は決してＧＤＰや貨幣的価値に還元しきれるものではなく、命の糧としての食料供給、国土保全や環境保全、生物多様性、景観や伝統文化・遺産の継承といった社会的・環境的価値を含むからだ。特に、今後の農業が進む方向は、貧困や飢餓、気候変動、持続可能な社会への移行において大きな影響力を有しているため、その価値や役割を市場経済の物差しのみで測ろうとすることは大きな誤りである。

　このような視点に立てば、家族農業の10年が１・５％の農林水産業のためにあるのではなく、社会全体、つまり人類だけではなく他の生物や環境を含めた地球全体のための10年だということがわかるだろう。さらには、これから生まれてくる未来世代のための10年だといってもよい。ＳＤＧｓでは、「地球を救う機会を持つ最後の世代」として責任ある行動をすることをわれわれに求めている。どのような立場にあっても、家族農業の10年間を当事者として生き、パラダイムが大きく転換する時代と正面から向き合うことが、新しい社会をつくることにつながる。

（注１）例えば、Jean-Michel Sourisseau (Ed.). 2014. *Agricultures familiales et mondes à venir*. Paris: Editions QUAE. Valette Elodie, Philippe Bonnal, Jean-François Bélières, Pierre Gasselin, Pierre-Marie Bosc, and Jean-Michel Sourisseau. 2014. *Diversité des agricultures familiales: Exister, se transformer*, devenir. Paris: Quae.

（注２）ＩＹＦＦ＋10のキャンペーンのウェブサイト（www.familyfarmingcampaign.org/en/iyff10/campaign）を参照。

（注３）ＳＦＦＮＪのウェブサイト（https://www.sffnj.net/）を参照。

（注４）家族農業の知のプラットフォームのウェブサイト（http://www.fao.org/family-farming/en/）を参照。

（注５）日本では、農業生産法人等による雇用のみを雇用創出ととらえる傾向にあるが、世界的には「自らを雇う」自営農業も重要な雇用創出と位置付けられている。特に農村地域では、自営農業による雇用（就業機会）創出は地域経済にとってきわめて重要な役割を果たしている。

（注６）災害（自然災害・人災）や経済的ショック（通貨価値の変動、燃料価格の高騰、市場価格の乱高下等）に対する回復力・弾力性をさす。

（注７）ここで注意が必要なのは、農業労働力には家族労働力、常雇、臨時雇用（パート・アルバイト）があるため、人数ではなく労働時間を単位とした評価が必要だという点だ。しかし、多くの国では時間単位の統計がないため、国連の統計では、「家族によって営まれている農場」の数値を示すことで代替している。同時に、ＦＡＯでは世界農業ウォッチ（ＷＡＷ）プロジェクトが、より厳密な家族農業の統計分析や類型化を試みている。詳しくは、ＷＡＷのウェブサイト（http://www.fao.org/land-water/overview/waw/en/）を参照されたい。

（注８）家族労働力が農業労働力の過半を占める家族農業経営に

おいては、利潤追求よりも家族の家計の維持・存続が経営目標に置かれることが一般的である。

（注9）例えば、気候変動は作物や収穫物へのダメージだけでなく、農家の採種活動にも悪影響を及ぼしている。

（注10）ここでは、生産や加工、輸送のために用いられる石油だけではなく、農薬・化学肥料やビニールハウス等の生産資材の生産・輸送のために用いられる石油も含めて考える必要がある。

（注11）アグロエコロジー（本書第Ⅱ章）が世界的に推進されるようになったのは、こうした背景がある。

（注12）ＡＷＵとは、Annual Work Unit（年間労働単位）を意味し、フルタイムの成人労働力1人分に該当する年間１８００時間の労働力を１ＡＷＵとする。

（注13）アジアからは、フィリピンとインドが代表国として選出された。

【参考文献】

（1）Bignebat, Céline, Pierre-Marie Bosc, Philippe Perrier-Cornet. 2015. “A labour-based approach to the analysis of structural transformation: application to French agricultural holdings 2000.” *Working Paper UMR-Moisa*. pp. 1-17.

（2）HLPE. 2013. *Investing in smallholder agriculture for food security. A report by the High Level Panel of Experts on Food Security and Nutrition of the Committee on World Food Security*. Rome: FAO（国連世界食料保障委員会専門家ハイレベル・パネル著、家族農業研究会／㈱農林中金総合研究所共訳『家族農業が世界の未来を拓く――食料保障のための小規模農業への投資』農文協、２０１４年）.

（3）FAO. 2018a. FAO’s *Work on Family Farming: Preparing for the Decade of Family Farming*（*2019-2028*）*to achieve the SDGs*. Rome: FAO.

（4）FAO. 2018b. *Family Farmers Feeding the World, Caring for the Earth*. Rome: FAO.

（5）FAO. 2014a. *The State of Food and Agriculture: Innovation in Family Farming*. Rome: FAO.

（6）FAO. 2014b. *Family Farmers Feeding the World, Caring the Earth*. Rome: FAO.

（7）Ricciardi, Vincent, Navin Ramankutty, Zia Mehrabi, Larissa Jarvis, and Brenton Chookolingo. 2018. “How much of the world’s food do smallholders produce?” *Global Food Security*. Volume 17. pp. 64-72.

（8）Sekine, Kae and Alessandro Bonanno. 2016. *The Contradictions of Neoliberal Agri-Food: Corporations, Resistance, and Disasters in Japan*. WV: West Virginia University Press.

（9）WRF. 2014. Family Farming Campaign. Retrieved at http://www.familyfarmingcampaign.org/en/iyff10/campaign on August 9th, 2018.

コラム

家族農業は人と人の関係のいかなる未来像を描くのか

香港の農民が教えてくれること

武蔵大学教員　安藤丈将

◆村の暮らしに触発されて

私が香港の菜園村生活館という農場を定期的に訪問するようになって、もう7年になる。生活館は、政治や経済の中心地であり観光客も集う香港島や九龍半島から離れた、中国との国境線に近い新界西部に位置している。もともとは中国の広州から深圳を経由して香港に至る高速鉄道の路線建設に伴い、菜園村という小さな村の住民が立ち退きを迫られることに抗議する運動から始まった。非農家の出である運動の支援者たちは、村民の農に基礎を置いた生活に感銘を受け、2010年から農薬と化学肥料を使わずに野菜と米をつくり、共同購入の顧客グループに送っている。

ジェニー（李俊妮、1977年生まれ）は、公立小学校の英語の教員であった。彼女は生徒を教えることにやりがいを感じていたが、教員としての仕事時間の多くを書類の作成や会議にとられる毎日にいらだちを感じていた。また、試験で生徒を競争させ、学校のランキングを上げることに躍起になるシステムに、どうしてもなじむことができなかった。彼女は、正規教員の職を辞して非常勤で教えていた時、菜園村民と出会い、村民の暮らし方に触発され、生活館を始めた。

生活館のメンバーの多くは1980年前後の生まれで、その親の世代と比べて、自分で会社を経営したり企業に勤めたりして経済的に成功するのが困難になった時代を生きている。幸運にも競争に勝ち抜き、機会を手にしたとしても、周りを見ながら自分が有用な人材であることをアピールし続け、その機会を失わないように振る舞うというのは、息苦しい。そんな生き方ではなく、もっと自分の考え感じるところに率直でありたいと願う人びとが、農を基盤にした暮らしを選んだのである。

◆農民として生きる

今日の香港では、食料自給率は限りなくゼロに近く、農民に対する政府の支援はほとんどない。こうした状況の中で、生活館のメンバーは、自分にとって望ましい生き方を模索した末に農を選んでいる。チホー（鍾智豪、1980年生まれ）は、生活館に来る前、テレビ局でニュース番組の映像グラフィックを制作していた。彼は、番組で放送される事件を取材していないにもかかわらず、その事件をわかりやすく説明する図をつくっていることに疑問を感じ、「リアリティ」を求めて農民になった。農においては雨が続けば作物はダメになってしまうし、土づくりに力を注げば作物に反映される。チホーは、こうしたことに自分の求めていたリアリティを感じている。

「生き方」という言葉からは、「わたし」の個人的な事柄という意味を想起するかもしれない。だが、生活館のメンバーに生き方として選ばれた農は、決して「私事」ではない。それは、金儲けを何よりも優先する香港の経済システム（それを「資本主義」と呼ぶことにする）に対する疑問とその代案の表現である。そもそも、（人間が生きるうえで必要不可欠であるにもかかわらず）政府の支援もほとんどない見捨てられた産業を仕事に選ぶというのは、それ自体が社会のあり方に対する強力なメッセージの発信を含意している。同じように疑問を抱く人びとに対して、生活館の農は、「あなたは今のままの生き方で良いのですか、違う道もありますよ」と呼びかけているように見える。

◆農を通した協同の関係の構築

日々の奮闘にもかかわらず、生活館のメンバーは、土地を所有するフルタイムの農民になることはできない。香港、とりわけ新界地区は、イギリスの植民地時代から長らく土地分配の不平等の問題があり、それは中国に返還された後も続いている。彼らは、土地の所有権も耕作権も持たず、決して広くはない土地（約2ha）を3年契約で借りて7～8人のメンバーで耕している。農産物価格の安さと土地の狭さも相まって、メンバー全員が農だけでは食べていくことができず、その他に仕事を持って生計を立てている。

だが、土地をメンバーでシェアすることは、必ずしも消極的な選択を意味しない。彼らは、農を通した協同の関係をつくること自体を活動の目的の一つに考えているからだ。農民一人ひとりが平等な関係を保ち、互いに協力し合うのは、決して簡単なことではない。日常的には、それぞれ家事や育児（メンバーの多くが子育て中である）、生活館以外の仕事を抱えながら、農作業を分担する。生活館は、農を通して人と人のあるべき関係を模索する実験室のようである。

◆人と人のつながり方を問う家族農業

生活館の農民の活動を踏まえると、家族農業はどう見えてくるのだろうか。家族というのは、協同の単位である。家族のような小規模単位の農が規範的な（＝あるべき姿という）意味を含むのは、その役割が過小評価されてきたからだ。それは、地域の歴史や文化や自然に根ざし、人びとの食と生活環境を支える存在であるにもかかわらず、隅に追いやられてきた。この家族農業が、今日、資本主義的な企業型の大規模農業の対照に位置づけられ、未来の農のあるべき姿という積極的な意味を付与されようとしている。

ただし、企業型でない農の協同の単位は、（狭義の）家族に限られない。生活館の事例が示すように、お金に右往左往させられるだけの生き方への決別を模索する人びとの活動にも、家族とは違う単位の協同を見て取れるからだ。そして、協同の単位をめぐる問題は、ひるがえって家族を基盤にする農に対しても一つの問いを突きつける。

それは、農を介した人と人のつながり方をめぐる問いである。家族を単位とする農が大規模農業とは違う、未来の農のあるべき姿であるための条件は、構成員が一人ひとり等しく尊重され、互いに支え合い、はつらつといられるような関係をつくり出せるかにある。自分と人びと（自分以外の家族、他の農民、地域住民、消費者）との間にそのような関係を構築する基盤となることに家族農業の意義がある。生活館の農民たちは、家族農業が進むべき道を私たちに教えてくれている。

II

なぜアグロエコロジーは世界から着目されるのか

NAGANO農と食の会　吉田太郎

1　世界から着目される　アグロエコロジー

「アグロエコロジー」という概念がいま世界を席巻しつつある。直訳すれば「農業生態学」である。しかし、「エコロジー」が「生態学」という学術分野にとどまらず、エコライフを意味するように、アグロエコロジーも農業生態系の基礎研究にとどまらず、オルタナティブな農法の実践やそれを実現する社会運動にまで及ぶ(13、17)。

いま日本では、「戦後農政（レジーム）からの脱却」として、家族農業や協同組合の解体、企業型農業への転換が提唱されているが(18)、これは世界の潮流とまったく逆行している。小規模家族農業を中心に脱石油型の持続可能な農業へと再編成していく革命的な農政転換が先進国はもちろん、開発途上国においても進んでおり、そのコアとなっているのがアグロエコロジーだからである。

2　アグロエコロジーで飢餓、地球温暖化、　経済格差問題が解決できる

それでは、なぜアグロエコロジーに期待が寄せられているのか。理由は多くあるが、例えば、飢餓、気候変動、格差社会という人類が直面する難題を具体的に解決できるからにほかならない。

(1) アグロエコロジーは飢餓問題を解決する

工業型農業によって大量の食料が生産、供給されてきたことは間違いなく(3、15)、飢餓撲滅のためには今後も遺伝子組み換え技術を切り札とした食料増産が欠かせないとされている。しかし、工業型農業は安価で豊富なエネルギー、変動せず安定した気候、豊かな水資源の3条件が必要である。さらに、工業型農業は世界の食料の30%を生産するため、農地の70~80%、水資源の70%、農業で利用される化石燃料の80%を消費している。今後はこれほど潤沢な資源は確保できない(17)。しかも、生産された食料の3分の1が流通や消費の過程で有効利用されず廃棄物となっており(15、17)、生産された穀物の40%は飼料となっているう

え、人間の口に入らないバイオ燃料にさえ振り向けられている(17)。

いまも世界では8億人が慢性的な飢餓状態におかれ、20億人が微量栄養素の欠乏で苦しんでいることは事実である。しかし、その一方で、19億人が肥満で、食事と関連したガン、心血管疾患、糖尿病が激増している(15)。飢餓と肥満とが並在する矛盾からも「飢餓ゼロ」を実現させるには、ただ生産量を増やすだけでは十分ではないことは明白である(15、17)。

これに対して、アグロエコロジーは途上国の飢餓問題を解決するのみならず、先進国の質的飢餓問題も解決する。肥満や糖尿病等の成人病は、カロリーだけが多く栄養価に乏しいジャンクフードが一因となっていることから、アグロエコロジーを通じてビタミンやミネラルを含む質の高い食材を提供する必要性が医療の側から提起されているからである。欧州のシンクタンク「持続可能開発・国際関係研究所」は、2050年までに欧州農業をアグロエコロジーに全面転換しても、5億3000万人の全欧州人を健康に養えるとのリポートを2018年秋に出した。無農薬・無化学肥料栽培のみならず、熱帯林破壊の原因となっている域外からの家畜飼料輸入もゼロとすれば、カロリーベースでの生産量は35％低下するが、グラスフィードの肉を少量食べた方が健康も保てるとの医療面からの知見に基づく(2、12)。さらに、放牧を復活させると、蹄で踏まれ、食まれることで草も刺激され生育がよくなり、ウシが落とす糞は有機肥料となり、土壌微生物も活性化することで後述する温暖化防止にも寄与するというのである(16)。

(2) アグロエコロジーは地球温暖化問題を解決する

気候変動も食料保障にとっての大きな脅威で、洪水や水不足等が世界各地で顕在化し(13、14)、すでに気候変動による難民も発生している(17)。大量の化石燃料を消費し(10、13、14)、温室効果ガスの17～32％を排出し、気候変動に大きく加担しているのは工業型農業である。その上、大規模なモノカルチャー農業は、栽培される作物が均一なために気候変動に脆弱で、より深刻な影響を受けやすい(17)。

一方、後述するように、アグロエコロジーでは生態系サービスを活用することで化石燃料の使用量そのものを減らすことができる(10、14)。小規模家族農業による地産地消に立脚するため、流通段階で排出される二酸化炭素も減る。バイオマスや腐植、炭の形態で二酸化炭素を土壌中に固定して大気中から隔離し、地球温暖化問題の解決策ともなりうる(13)。また、仮に気候変動の影響で被害を受けたとしても慣行農業よりも被害が少なく、被災後の立ち直りも早いことが確認されている(10、14)。

(3) アグロエコロジーは環境問題や格差問題を解決する

工業型農業は、気候変動のみならず、森林伐採、水不足、土壌の劣化の元凶でもある(15)。危機は、環境破壊にとどまらず(4)、わずか1%の人々が80%の富を手にし、99%の人々が残りの20%をわけあっている という格差の矛盾も抱えている。飢餓問題や食料危機は、生産不足よりもこの経済的格差や貧困に起因する(17)。

２０１５年９月の国連持続可能な開発サミットでは、「我々の世界を変革する：持続可能な開発のための２０３０アジェンダ」が採択され、その具体的な行動指針として、持続可能な開発目標（ＳＤＧｓ）が提起された。貧困に終止符を打ち、飢餓ゼロを達成し、誰も排除されないインクルーシヴ（包括的）な発展を達成するにはアグロエコロジーが欠かせない(4)。

3 食料危機を契機に世界的に着目されたアグロエコロジー

(1) 農法としてのアグロエコロジーの評価

それでは、なぜアグロエコロジーがこれほど評価されるに至ったのか、その歴史的経過をみてみたい。まず、アグロエコロジーは新たに発明されたものでもなければ、概念として新たに生まれたものでもない(4、13)。この言葉を１９２５年の著作で最初に使用したのはロシア出身の農学者、バジル・ベンジンである。この段階ではアグロエコロジーは純粋な「農学」と言えた。その後、１９７０年代にカリフォルニア大学バークレー校のミゲール・アルティエリ教授（当時）らがラテンアメリカの伝統農業を研究するなか、「農法」としての研究が進む(5、17)。ブラジルやキューバ等、一部の国では１９９０年代から政策としても展開されてきた(3、4)。

さらに、エセックス大学のジュールス・プレティ教授らが2006年に実施した55カ国での198のプロジェクトの比較研究によって、アグロエコロジーに転換すれば平均でほぼ80％も収量が増えることも明らかにされる(5)。2009年には、59の政府と世界銀行を含めた諸機関による400人の科学者たちが4年をかけて行った報告書『開発のための農業科学技術の国際的検証』が発表される(7、13、14、17)。同報告書は、農業の未来はアグロエコロジーに託すしかないとまで結論づけた(5、6、17)。

(2) 食料危機を契機に人権の視点から国際舞台に颯爽と登場

学術的には評価されていたアグロエコロジーが、政治の表舞台に登場する契機となったのは、2008年の世界食料危機であった。食料への権利に関する国連特別報告官、オリヴィエ・ド・シュトゥールが2010年にアグロエコロジーの重要性を指摘したことを皮切りに、2013年には国連貿易開発会議（UNCTAD）がアグロエコロジーへの転換を提唱し、2014年9月にはFAOが第1回アグロエコロジー国際シンポジウムを開催する(4、5、14)。この成果をベースに、FAOは地域ごとの特徴やニーズを把握するため、ラテンアメリカとカリブ海（2015年6月ブラジリア）、アジア・太平洋（2015年11月バンコク）、サハラ以南のアフリカ（2015年11月ダカール）、ヨーロッパと中央アジア（2016年11月ブダペスト）、近東と北アフリカ（2017年11月チュニジア）と5地域でセミナーを開催する(3、13)。

こうした一連の地域会議から風土や文化、経験を超えた共通事項も明らかになったため(4)、FAOは、アグロエコロジーを推進するための十大原則を打ち出す。①多様性、②知の共同創造とわかちあい、③相乗効果、④効率性、⑤レジリエンス、⑥リサイクル、⑦人間と社会的価値、⑧文化と食の伝統、⑨責任あるガバナンス、⑩循環経済・連帯経済である(3、15)。

4　自然生態系を模倣することで地域ごとの解決策を見出す

(1) モノカルチャーだから農薬と化学肥料が必要となる

気候変動や経済危機、社会不安等の難題に人類が直面する中、農地面積を増やさず、石油や水等の希少化する資源を節約し、化学肥料や農薬にも依存せず、食料を増産する。工業型農業ではとうてい達成できない奇跡がアグロエコロジーならばなぜできるのだろうか(17)。

工業型農業では化学肥料、農薬、品種改良種子、灌漑、農業機械がパッケージで使われるのに対して、アグロエコロジーでは「循環」「多様性」「相乗効果」が鍵となる(17)。この切り口から、ビジネスとしての利潤追求を目指す高付加価値型の有機農業とは、アグロエコロジーが技術的にも思想的にも大きく異なることにもふれておきたい。

自然生態系では物質や養分が循環している(17)。「廃棄物」とは人間が考え出した概念で、自然生態系内には存在しない(15、17)。また、多くの生物種がおりなす複雑系として、システムの構成要素は相互作用し、生態系の安定性やレジリエンス(回復力・弾力性)に寄与している。常に変化流転しながらも、システム全体としてはフレキシビリティがあり動的平衡が保たれ、より複雑化していく傾向を持つ。

これに対して、農業生態系は生物多様性が乏しく養分も循環していない。これが最も極端に推し進められたのがモノカルチャー農業である。農薬が必要となるのも生物多様性を欠くからだし、化学肥料で収量が頭打ちとなるのも、土壌を酸性化させ、土壌微生物が棲息しにくい環境を生み出し、栄養素が作物に吸収されにくくなるからである。このことから、投入資材を堆肥や生物由来の農薬等に代替しても、その有機農業がモノカルチャーのままであれば、農業生態系はまだ不安定でアグロエコロジーとは言えないことがわかる(17)。

(2) 自然生態系を模倣し相乗効果を発揮

アグロエコロジーでは、自然生態系を模倣することで、効率的な栄養循環や生物種間の相乗効果を最大限に生かした農業生態系を構築することを目指す。鍵は生物多様性の豊かさにあり、複雑系の「創発特性」が発揮されれば、自ずと土壌は肥沃となり、害虫も排除され、植物は健康となり、資源の利用効率性も高まり、生産力も向上していく(4、15、17)。

ポイントは機能的多様性と応答多様性の二つにある(17)。

機能的生物多様性とは、農業生態系におけるエネルギーのフロー、物質の循環、相互作用の多様さ、いわゆる生態系サービス（自然の恵み）にほかならない。例えば、マメ、トウモロコシ、カボチャを混作すれば、マメが窒素を固定し、トウモロコシの花が益虫をおびき寄せ、カボチャはアレロパシー物質を放出して雑草の生育を抑制する（17）。

応答多様性とは、環境変動に対して同じ生態系機能を担う複数の種が応答する多様性のことで、一般的な生態系では、「機能」の数よりも「種」の数のほうが多い。これを「冗長性」と呼ぶ。同じ役割を担う生物種が重複して存在していれば、たとえ、環境の変化である種がダメージを受けても別の種がその役目を肩代わりし、その機能を補完し、システム全体が機能不全に陥る事態を防げる。実際、応答多様性が豊かな農業生態系は、様々なショックに対するレジリエンスが高い（17）。

空間的多様性を実現する間作やアグロフォレストリー、時間的多様性を実現する輪作や被覆作物の栽培、作物だけでなく家畜も取り入れた有畜複合農業、さらに飼料用の灌木も導入した混牧林、鴨と稲作を組み合わせた合鴨農法や水田に魚を放つ稲田養魚等もアグロエコロジーである。格段に複雑な生態系の構築を目指すという観点から、伝統的な小規模有機農業の価値を評価する必要もある（4、17）。

（3）現場で作られる学際的な知
～大学の研究室から田んぼや畑へ

アグロエコロジーは、先住民や伝統的な小規模農家等の在来農法に立脚するが、「知」が中心的な役割を演じ、工業型農業以上に高度に知識集約的な技術からなる（17）。その知識体系は、多分野にまたがる学際的な性格を持つが、同時に地域に根ざしている（10、14）。

従来は多国籍企業や政府の研究機関が普遍的な技術を開発し、受益者である農民へとトップダウンで普及するやり方がなされてきたが（14）、アグロエコロジーでは画一化された処方箋は提供されず、各地域の生態系の状況や社会経済的なニーズに合った多様な技術が開発されていく（15、17）。創造される「知」や開発される技術は地域に根ざし、ローカルな問題に対するローカルな解決策でしかない（13、15）。イノベーションは農民が自然環境と相互に交流するなかで実現され（14）、コミュニティの「現場」で創出されていく（10）。その中心には、農業生物多様性についての農民の経験や知がある(15)。これは農民の「立ち位置」が受益者から共同研究者、創造者へと大きく変わることを意味する(13、14)。

5　アグロエコロジーを広めるために

(1)アグロエコロジーの発展には公共政策が必要

これまで述べてきたように、アグロエコロジーには社会的側面があることから、その発展のためには社会運動が必要不可欠である。しかし、運動を支援する法制度や公共政策、生産を動機づける経済制度も欠かせない(4)。研究を含めて、小規模家族農家を支援し、地元市場を優先するように、現在の農業・食料政策を見直すことが求められる。慣行農業からアグロエコロジーへの転換にはコストが伴い、過渡期にはリスクに直面することが多いことから、まず転換期間中の支援が欠かせない(3)。

さらに、農民と消費者や市民、研究者、政策立案者の対話の場を設け、参加型で公共政策を策定していく発想の転換も求められる。これは、参加型で決定がなされた公共政策に対しては、誰しもが責任を持つことも意味する(4、10)。

(2)長期的なメリットを推し量る新たな評価軸と価値観の転換

アグロエコロジーの生産性は慣行農業に比肩し、レジリエンスも高まるにもかかわらず、多くの農民が躊躇し、農政担当者もそのパフォーマンスを疑問視するのは(13)、現在の慣行農業に対しては補助金が出され(3、13)、かつ、それに伴う環境汚染等の外部不経済がきちんと評価されず、経済尺度が短期的な目先の利益だけを重視しているためである(13)。それゆえに、外部不経済を含めて、現在の経済指標のあり方を超え、多面的な視野からアグロエコロジーの長期的な社会益を見える化し、参加型で評価していく方法を生み出すことが求められよう(3、13、17)。

(3)アグロエコロジーを発展させる循環経済と連帯経済

いま、世界を席巻している市場モデルは、ごく少数の製品やサービスを扱う寡占企業に有利なもので、小規模な農民が多様な農産物を生産するアグロエコロジーが目指す市場のあり方とは合致しない(3)。アグロエコロジーとは、既存のグローバル化したフードシステムから離脱して、食と農とを地域の手に取り戻し現地化することだともいえる（17）。したがって、循環経済や連帯経済を通して農民と消費者、農村と都市とを再びつなげ、地産地消を進めていくことが求められる（3、15、17）。

これには具体的なメリットがある。第一に、フードマイレージが少ないため二酸化炭素の排出が削減できる（14）。現在のグローバルな流通では発生が避けがたい食品廃棄物の無駄を削減でき、資源の利用効率も高まる（15）。

第二に、仲介業者が減れば、その分適切な販売価格が担保できる。農民の実践がより見える化でき、消費者と直接的にコミュニケーションすることは消費者の農業の理解にも役立つ（14）。

第三に、地元市場が優先され、循環経済が構築されることで、地域内の経済波及効果が高まり、地域経済の発展を支えることにもつながる（14、15）。輸出指向の大規模農業がある地域に比べて、中小規模の農業のある地域のほうが地域経済に活力があり、農民の幸福度が高いことは研究からも示されている（13）。

第四に、地元農業が多様であるほど、文化的に適切で、かつ、地元の食習慣と合致した栄養価が高く多様で新鮮な食材を消費者は手にできる（13、14）。穀物に偏った食事は、大切な栄養素を欠いていることが多い。栄養面からも農業の多様化やローカル化が欠かせない（13）。

こうした循環経済を構築し、地域経済を活性化するためには、政府が伝統的な地域市場を守るとともに、流通に介入し、革新的な市場モデルを開発・創出することが求められる（13）。例えば、ブラジルでは、栄養面での健全な食の保障という切り口から、小規模家族農家のアグロエコロジー生産物の一部を政府が購入し、学校給食等に用いる「食料購入プログラム」を展開し、大きな成果をあげている（4）。

（4）アグロエコロジーは単なる農法ではない

食と農業は、人類遺産の中核となる要素である。食文化の伝統が社会において中心的な役割を演じてきたのもこのためだし、文化的なアイデンティティや郷土意識は、農村景観や食と密接に結びついている。現在のフードシステムは、食習慣と文化とを断絶させている。前述したアンバランスな状況が生じている理由のひとつは、この断絶がもたらすところが大きい。この歪んだ食習慣を改善し、健全な食の生産・消費を促進する上でアグロエコロジーは決定的な役割を演じる。健康的で、多様で文化的にも適切な食を支援することは、健全な生態系の保全、食料保障と栄養保障にも寄与する(15)。

アグロエコロジーは、国際的な農民運動組織ビア・カンペシーナが主張する「食料主権」の概念とも密接に結びつく(7)。それは、自分自身の食や農業のあり方を決める権利といってもよい（本書第Ⅳ章参照）。冒頭でふれた工業型農業のマイナス面を憂慮して、いま「気候スマート農業」が論じられている。しかし、こうしたテクノロジー的な概念とアグロエコロジーとが混同されて、単なる技術論へと矮小化されることは避けなければならない(14)。ビア・カンペシーナが「アグロエコロジーなき食料主権は絵空事にすぎないが、食料主権なきアグロエコロジーは単なる農法にすぎない」と主張し(11)、アグロエコロジーから人権が切り離され、無農薬・無化学肥料や持続可能な技術とみなされてしまうことを何よりも恐れて反対している意味もそこにある(14)。

前述したとおり、アグロエコロジーへの転換には多くのメリットがある。したがって、各国政府や自治体がアグロエコロジーを支援する政策を打ち出せば、地域住民からそれが受け入れられることは確実で(3)、農民にも消費者にも環境にも望ましい結果しか生まない。それが普及することで困るのは、農民や消費者を搾取することで利潤をあげてきた巨大な多国籍企業だけである。アグロエコロジーに対して「非科学的」「不必要」といったレッテル張りがなされているのもそのためである。逆に言えば、正義なきアグロエコロジー、現在の力関係を変えることができないアグロエコロジーは、アグロエコロジーではない(8)。

ここで再び着目したいのは、現在のテクノロジーのあり様である。技術開発の成果はオープンにされず、種子も知的財産化され私企業が囲い込んでいる。イノベーションも種子も公共財としてオープンソースとして担保される必要がある[注1]。同時に、アグロエコロジーのイノベーションは、各地域のノウハウや家族農家レベルでの地域資源の管理や実験に依存する。こうしたテクノロジーは小規模家族農家によってのみ実施できる。すなわち、アグロエコロジーは「知」や技術面からも小規模家族農家が主役となることを求めるのである(14)。

アグロエコロジーが最終的に目指すのは、農民の自立と自治である(17)。アジアでの地域会議で「小規模な家族農業を強化することにつながるときにのみ、アグロエコロジーは成功する」とされたのもそのためである(12)。

6 アグロエコロジーは「百姓農業」

FAOの第1回アグロエコロジー国際会議(2014年)には、佐藤英道農林水産大臣政務官(当時)が参加し、農林水産省は同年12月にアグロエコロジーの名を冠した研究会「環境保全型農業センスアップ戦略研究会~アグロエコロジーな社会をデザインする~(仮称)の設置」を立ちあげた。しかし、それ以降、ほとんどアグロエコロジーは話題にならないし、報道もされていない。冒頭では日本の農政が世界の潮流とまったく逆行していると指摘したが、このこともそれを反映しているように思える。

これまで見てきたように、アグロエコロジーは「センスアップされた環境保全型農業」というセンスの悪いキャッチフレーズにとうてい収まりきるようなものではない。人口に膾炙《かいしゃ》される日本語として定着させるのであれば、「百姓農業」こそがふさわしいと筆者は考えている。その意味で、小規模・家族農業ネットワーク・ジャパン(SFFNJ)の呼びかけ人、斎藤博嗣、裕子夫妻が、一反百姓「じねん道」を名乗っているのは非常に象徴的に思える。

(注1) 日本では、種子法廃止前に新潟など3県が条例を制定。それ以降も筆者が居住する長野を含め、いくつかの道県が種子を保全する条例を制定することによって、「公共財」として種子を守ろうとしている(第Ⅲ章参照)。

【参考文献】

(1) Cabell, J. F., and M. Oelofse. 2012. "An indicator framework for assessing agroecosystem resilience." *Ecology and Society*. 17(1): 18.

(2) Claire Stam, Agroecology can feed Europe pesticide-free in 2050, new study finds, Sep18, 2018.

(3) FAO. 2018. *FAO's Work on Agroecology:, A pathway to achieving the SDGs*. Rome: FAO.

(4) FAO/RLC. 2015. *Final recommendations of the regional seminar on agroecology in Latin America and the Caribbean*. Brasilia: FAO.

(5) Frances Moore Lappé. 2016. "Agroecology Now." *Resilience Website retrieved at* https://www.resilience.org/stories/2016-04-27/agroecology-now/ on October 2018.

（6）Manuel Flury. 2018. *Second International Symposium on Agroecology*, Rome: FAO., pp., 3-5.

（7）M. Jahi Chappell. 2015. "Reporting from Brazil: lessons on agroecology.", *The Institute for Agriculture and Trade Policy Website retrieved at* https://www.iatp.org/blog/201506/reporting-from-brazil-lessons-on-agroecology on October 2018.

（8）M. Jahi Chappell. 2015. "Day two at the Latin America & Caribbean Regional Agroecology Seminar: innovation and power in agroecology.", *The Institute for Agriculture and Trade Policy Website retrieved at* https://www.iatp.org/blog/201506/day-two-at-the-latin-america-caribbean-regional-agroecology-seminar-innovation-and-power on October 2018.

（9）M. Jahi Chappell. 2015. "Final Day at the FAO Regional Agroecology Seminar in Brazil –The Struggle Ahead.", *The Institute for Agriculture and Trade Policy Website retrieved at* https://www.iatp.org/blog/201506/final-day-at-the-fao-regional-agroecology-seminar-in-brazil-–-the-struggle-ahead on October 2018.

（10）Paulo Petersen and Flavia Londres. 2016. "The Regional Seminar on Agroecology in Latin America and the Caribbean A summary of outcomes.", ILEIA Website retrieved at https://www.ileia.org/wp-content/uploads/2016/07/FINAL-LAC-Seminar-with-layout.pdf on October 2018.

（11）Peter Rosset. 2014. "Food Sovereignty and Agroecology in the Convergence of Rural Social Movements." *Research in Rural Sociology and Development*. Vol.21:137-157.

（12）Pierre-Marie Aubert.An agro-ecological Europe by 2050: a credible scenario, an avenue to explore, Sep17, 2018.

（13）Ruth West. 2017. "What is Agroecology? Why does is matter?" *The Campaign for Real, Farming and College for the Enlightened Agriculture Website retrieved at* http://www.campaignforrealfarming.org/2017/10/what-is-agroecology-why-does-is-matter/ on October 2018.

（14）TM Radha. Year. "Agroecology in Asia and the Pacific.", Leisa India Website retrieved at https://leisaindia.org/agroecology-in-asia-and-the-pacific/ on October 2018.

（15）FAO. 2018. The 10 Elements of Agroecology Guiding The Transition to Sustainable Food and Agricultural Systems., Rome : FAO.

（16）デイビッド・モントゴメリー『土・牛・微生物：文明の衰退を食い止める土の話』築地書館、２０１８年。

（17）ミゲール・A・アルティエリ、クララ・I・ニコールズ、G・クレア・ウェストウッド、リム・リーチン著、柴垣明子訳『アグロエコロジー基本概念、原則および実践』、大学共同利用法人人間文化研究機構総合地球環境学研究、２０１７年。

（18）鈴木宣弘「コラム：食料・農業問題　本質と裏側　従順な日本がグローバル種子企業の世界で唯一・最大の餌食にされつつある～種子と関連問題の再整理～」『農業協同組合新聞』２０１８年９月21日付。

コラム

フランスの家族農業と小規模農業

フランス在住・フリージャーナリスト　羽生のり子

◆「家族農業」という括りでは見えない実態

フランスの農家はほとんどが大規模農家だ……200～300haの農地で畜産や穀物の単一栽培をやっている農家を見て、そう思っている人は多いのではないだろうか。このイメージは、第二次大戦直後に設立されたフランス最大の農業者組合、全国農業経営事業者組合連盟（FNSEA）に当てはまる。戦後の食料難の時代に食料増産を目指し、経済成長期には機械化、栽培品種の単一化、農薬と化学肥料の多用、輸出強化を行い、「攻めの農業」を行ってきた。そして農家を「経営者」とみなしている。

ところが、フランス農水省が2016年に発表した報告書(1)によれば、意外にも農家の95％が家族農業だという。そのうち、100％農業で生計を立てる人は半分しかいなかった。伴侶が農業に携わらない割合は若い人ほど高かった。雇用者がいるといっても、一緒に働く家族が社会保障を十分得られるよう、家族を雇用者にする農家が多い。一見大規模農家に見えながら、実は家族経営だったりするフランスで、「家族農業」の括りでは小規模農家の実態は見えてこない。

上記の報告書は2010年のデータに基づいている。9年前の統計なので、いささか情報が古い。そこで2018年に農水省が発表した2016年の統計で補うと、農家数は2010年より11％減って43

万7000戸。1戸の平均農地面積は63haで、2010年より12%増えた。年々1戸あたりの面積が広くなり、農家数は減っている。

◆フランスにおける小規模農業の定義

あらためて小規模農家とは何かを、ビア・カンペシーナの会員であり「百姓の農業」を掲げる農業組合「農民同盟」に聞いてみた。農民同盟には小規模農家の定義があった。2002年、社会党のジョスパン内閣のジャン・グラヴァニー農相が定義を決めたが、法律に明記するにはいたらなかった。2016年、当時のステファン・ル・フォル農相の顧問の一人が、2002年の小農の定義を2016年版に改新することを農民同盟に勧めた。そうしてできたのが以下の内容だ。

欧州連合（EU）の共通農業政策（CAP）による補助金を含めても、1戸に1人働き手がいる農家なら売り上げが税抜きで5万ユーロ（650万円）未満。2人いる農家なら7万5000ユーロ（975万円）未満、と人数に応じて変わる。CAPの補助金は1人働き手がいる農家なら1万5000ユーロ（195万円）以下。CAPで申告した農地面積は1人働き手がいる農家で30ha未満。2人なら40ha未満。ただし、農業形態は国によって大きく異なるので、フランスの小農の定義を他のEU諸国に当てはめることはできないと釘を刺している。この農民同盟の基準に従って農水省が統計を取ったところ、全仏で小規模農家は13万戸あり、全体の30%に相当した。その耕地面積は全体の5%だった。

◆農民同盟がつくった「百姓の農業の掟」

農民同盟は、小規模農家が世界を救うと確信している。農民同盟のいう「百姓の農業」とは、小規模農家による農業だ。小規模農家が地域に多ければ多いほど安全な食料を安定供給できると考える。そして大規模農家が食料生産を独占することに反対している。「1000頭の牛」と呼ばれる、巨大な畜産農場ができるのに反対する理由もそこにある。農民同盟の理事の一人で、ドローム県でブドウを栽培するクリスチーヌ・リバさんは「食べ物は生命線。それを一握りの生産者に委ねてはダメ」と警告する。『1000頭の牛』は大量に牛乳を作り安く売る。

郵便はがき

1078668

おそれいります
が切手をはって
お出し下さい

（受取人）
東京都港区
赤坂郵便局
私書箱第十五号

農文協
http://www.ruralnet.or.jp/
読者カード係 行

◎ このカードは当会の今後の刊行計画及び、新刊等の案内に役だたせて
いただきたいと思います。　　はじめての方は○印を（　　）

ご住所	（〒　　－　　） TEL： FAX：	
お名前	男・女	歳
E-mail：		
ご職業	公務員・会社員・自営業・自由業・主婦・農漁業・教職員（大学・短大・高校・中学・小学・他）研究生・学生・団体職員・その他（　　）	
お勤め先・学校名	日頃ご覧の新聞・雑誌名	

※この葉書にお書きいただいた個人情報は、新刊案内や見本誌送付、ご注文品の配送、確認等の連絡のために使用し、その目的以外での利用はいたしません。

● ご感想をインターネット等で紹介させていただく場合がございます。ご了承下さい。
● 送料無料・農文協以外の書籍も注文できる会員制通販書店「田舎の本屋さん」入会募集中！
案内進呈します。　希望□

■毎月抽選で10名様に見本誌を１冊進呈■（ご希望の雑誌名ひとつに○を）

①現代農業　②季刊 地 域　③うかたま

お客様コード

17.12

お買上げの本

■ご購入いただいた書店（　　　　　　　　書店）

●本書についてご感想など

●今後の出版物についてのご希望など

この本をお求めの動機	広告を見て（紙・誌名）	書店で見て	書評を見て（紙・誌名）	インターネットを見て	知人・先生のすすめで	図書館で見て

◇新規注文書◇　郵送ご希望の場合、送料をご負担いただきます。

購入希望の図書がありましたら、下記へご記入下さい。お支払いはCVS・郵便振替でお願いします。

（書名）	（定価）¥	（部数）　部
（書名）	（定価）¥	（部数）　部

写真１　クリスチーヌ・リバさん

そうすると周りの農家が生活できなくなります」とも言う。

農民同盟が作った「百姓の農業の掟」には、政治への要求として「農場の規模を限定する。常に資本投下をして農場を大規模にすることを促すのではなく、生産量を多くの農家に分散させる。生産量を管理することで適正価格を保つ」ことが書かれている。リバさんは「非農家の若者への国の就農支援金は、大きなプロジェクトにしか出ません。支援金だけでは足りず銀行で多く借りると、農産品の値段が頭打ちなので、利息が低くても返済に苦労します。そうすると農業をするのが嫌になる。農家の自殺は多いですよ」と、大規模なプロジェクトを優先させる国の方針を批判した。

◆小規模農家だからこそできること

地域経済と環境のためにも、大規模農家より小規模農家のほうがよい。多数の小規模農家を合わせた１０００haのほうが、少数の大規模農家の１０００haより雇用が多く、風景に多様性があり、生物の多様性が保たれる。手入れも行き届く、と農民同盟は説明する。

高齢のため廃業する農家と、就農したい若者の橋渡しをするのも小規模農家だからこそできる。「もともと農家出身でなかったり、別の分野から農業に来た人たちが増えている」が、地元の人たちはどこの誰ともわからない人には簡単に土地を貸さない。「信頼関係を築くために、辞めようとする人と始めようとする人の出会いの場をつくり、お菓子とコーヒーでもてなすのですよ」とリバさんは楽しそうに語った。自分のところさえよければいい、というよ

写真2　直売市で販売する、農民同盟の生産者

うなエゴイズムは「百姓の農業」がやることではないのだ。

農民同盟に加盟する小規模農家は、卸値を買いたたく大手スーパーには卸さず、朝市で直売したり、有機食品の店や、消費者と提携して直接農作物を会員に配布する「アマップ」（ＡＭＡＰ）を通じて販売している。

◆アグロエコロジーをめぐって

最後に、アグロエコロジーについて少し触れたい。この言葉を初めて聞いたのは、有機農業指導者で作家のピエール・ラビさんからだった。その後、２０１２年12月に当時のル・フォル農相がアグロエコロジー計画を発表し、アグロエコロジーの明確な定義がないまま、フランス全土を巻き込むかに見えた。この計画には農薬を減らす、農家に研修をするなどが含まれており、簡単に言えば「持続可能な農業」のための政策を述べたものだった。

農民同盟は、アマップ、フェアトレード推進団体、環境保護団体などとともに、農相の提唱するアグロエコロジーに対し、共同声明を出して、「アグロエコロジーはすでに百姓が実践している。アグロエコロジーという言葉を使うだけで、相変わらず生産性第一主義、輸出第一主義の政府の方針とはまったく違う」と一線を引いた。この声明の批判は、政権が替わった今もそのまま通用する。

２０１８年10月2日に、国会で「食料農業法」が成立した。農薬成分のグリホサート禁止などの環境にとって重要な修正案は否決された。アグロエコロジーを本気で推進しようとすれば、もっと違う結果になっていただろう。（注1）

（注1）マクロン大統領は２０１９年1月24日、「２０２１年までにグリホサート使用禁止は無理」と発言した。この発言で、フランスはアグロエコロジーからさらに遠ざかった。

【参考文献】

（1）Alexis Grandjean, Frédéric Courleux, Anne-Sophie Wepierre, Marie-Sophie Dedieu «Agriculture familiale en France métropolitaine : éléments de définition et de qualification» *Analyse*, Centre d'études et de prospective. No.90 mai 2016.

コラム

タイ農村訪問から交流へ、地場の市場づくりへ

作家・農業　山下惣一

◆タイ農村の旅の発端

それは『タマネギ畑で涙して』（農文協、1990年刊）と題する一冊の本から始まった。書いたのは不肖私である。そこから人と人との出会いが始まり交流が広がり、国境を越えおよそ30年の歳月をへて東北タイの大地に小さな灯を点すまでになった。

発端は1988年の東京でのデモだった。農畜産物の市場開放に反対する大規模なデモが計画され、たまたまその日私は東京にいて旧知の農業ジャーナリストの大野和興から連絡を受けていた。

九州の北端の玄界灘に面した村の百姓である私にとっては生まれて初めてのデモであった。隊列の背後から声をかけられ振り向くと見上げるほどの大男がいて、これが山形の百姓菅野芳秀との最初の出会いだった。解散後喫茶店でコーヒーを飲んでいる時に「タイに行きませんか」と菅野に誘われた。聞けばアジアの農村活動家の集まりがフィリピンであり、そこでタイから来たバブルーン・カヨタという男に会った。カヨタがタイの農村を案内し農民たちと交流し旅の半分は農家に民泊させる、そんな旅を計画するので是非来てほしいと頼まれたのだという。

「面白そうだな。よし行こう」私は即答した。

実はその頃、私は自分の農業に行き詰まっていたのである。

1960年代にミカンブームに乗って植えたミカ

ンが安値つづきで土壇場にきていた。日米構造協議で1990年代初めにオレンジ・果汁の自由化が決まり、その対策として国はミカンを伐採する農家に補助金を出すことになり、私は迷いに迷った末に伐採を決断した。30年余をかけて開墾してきた南斜面の約1ha800本。さすがに自分では伐れず2年間の米国農業研修から帰って間もない息子に任せた。ミカン山の葬式から私は逃げ出したのだった。

◆「来て、見て、帰ってそれっきりだ」

初めてのタイ農村訪問の旅は1989年3月。大野和興を団長に大人6人子供1人（菅野の小学生の娘）の小グループでの15日間の農山村めぐりだった。いやいや驚いた。くる日もくる日も衝撃と仰天の連続だった。当時世界一の米の輸出国のタイに満足に米が食べられない農民がいることも衝撃だったが、政府が奨励するキャッサバ、サトウキビなどの換金作物で借金がかさみ、畑を取られた、娘を売ったといった話ばかりだ。

「おまえらアホか！」と私は思った。それは自分たちの問題ではないか。外国からの旅行者に訴えてどうなるものか。こっちだって足元に火がついているのだ。

ところが「はい、さようなら」というわけにはいかなかった。バンコクでの反省会でこう釘をさされたのである。

「これまで世界各国から多くの団を受け入れて案内した。どの国のどの団も来て、見て、帰ってそれっきりだ」。スラムで育ち不自由な足をひきずって全行程を献身的に世話してくれたバンのこのひと言は胸にひびいた。「日本からの団の受け入れは初めてだが、今度こそはそんな不毛なことにならないように願っている」。

私たちは何ができるのかを相談した。そして今後の交流の継続を目的に「アジア農民交流センター」（AFEC）なる名前はでかいがささやかな会を発足させた。といっても先立つものがないので私が報告記を書くことになった。

私は見たこと聞いたこと感じたことをそのまま素直に書いた。無知が武器になった。そしてその印税を会の基金にした。以上が発足までのおおまかな経緯である。

◆地場の市場が拓いたタイ版「地産地消」の道

あれから30年である。人は人と出会い交流が広がり自己増殖して現在の会員は全国に120人。日本からタイへの訪問団は約20組の150人、その逆は16組の85人である。訪問団は手弁当、タイからの招待客はカンパで賄う方式でのささやかな草の根交流が評価され「第18回毎日国際交流賞」(2006年)を受賞した。

直近のタイ訪問は2017年で、この旅の報告書が松尾康範著の『居酒屋おやじがタイで平和を考える』(コモンズ)である。私はこの30年間にタイ訪問記を2冊書いた。冒頭の『タマネギ畑…』の6年後に『タイの田舎から日本が見える』(農文協)を書き、そのままになっていた。私たちの交流と総括を会の事務局長の松尾がみごとにまとめてくれた。彼は大学卒業後、単身タイに渡ってタイ語を学び、のちに「日本国際ボランティアセンター」(JVC)のタイ事業部担当となり、私たちの(AFEC)と融合、共震させて東北タイの「地場の市場づくり」に4年間現地に張りついて奔走したのである。

私たちが提案していた複合農業、自給農業への転換は、文化、習俗の違いからなかなか浸透しなかったが、現地の実情に沿った「地場」の市場が生まれタイ版「地産地消」が広がり、活気に満ち、国の内外から視察者が訪ねてくるまでになっているという。嬉しい報告である。

東北タイの借金まみれの農民たちのことを考えることは、ほかでもない自分自身の農業の姿を考えることでもあった。

(敬称略)

III

種子をめぐる世界と日本の状況

日本の種子を守る会　印鑰智哉

世界の種子をめぐる動向は近年激しく動いている。特に目まぐるしいのが遺伝子組み換え企業による世界の種子企業の買収の動きである。すでに世界の四つの遺伝子組み換え企業は世界の種子市場の7割近いシェアを独占するに至っている。

もっとも、世界の大部分の農民たちは自分で種採りをしたり、仲間と共有したりすることなどを通じて種子を得ており、いかに種子市場が独占されようと、自分たちの種子を持つ農民たちは怖れる必要がなかった。その割合はアフリカでは9割、ラテンアメリカやアジアでも7割近くに及ぶという。しかし、今、種子が奪われようとしている。通称「モンサント法案」が世界各国に現れているからだ。

1 「モンサント法案」とは何か?

各国に現れた法案に共通するのは、農民による種子の利用を禁止あるいは制限し、毎回、種子市場から買うことを余儀なくさせるものであるということだ。種子企業で最大のシェアを持つモンサントの利益になる法だとして、「モンサント法」という通称で呼ばれる。こうした動きが本格化したのはこの10年ほど前からで、ラテンアメリカ、アフリカ、アジアの国々に次々に現れている。米国、日本、EUなどとの二国間あるいは多国間自由貿易協定によって、種子開発者の知的所有権を守ることを求める国際条約であるUPOV(ユポフ)条約の批准が押しつけられていった。UPOV条約は種子企業のロビー活動によって1961年に成立し、その後改訂を重ねている。1991年に改訂された条約(UPOV1991)は、種子企業が知的所有権を持つ種子については農民の種採りの権利を否定するものとなっている。実質的に先進国だけを利する国際条約なので、批准国はいまだに少ないが、自由貿易協定を機に、農産物を先進国に輸入してもらうために発展途上国でも批准が強要されてきた。

モンサント法案に対する反対運動はラテンアメリカでもっとも鮮明な形で取り組まれた。特にコロンビアやグアテマラ、チリなどでは全国を揺るがすような大きな運動となった。その様子はドキュメンタリー映画『種子ーみんなのもの? それとも企業の所有物?』(原作 Radio Mundo Real〔2017〕、日本語版制作アジア太平洋資料センター〔2018〕)にまとめられている。コロンビアのように法案が成立してしまった国もあるが、多くの国では多数の農民、市民が反対に立ち上がり、廃案に追い込んでいる。しかし、廃案になっても再びゾンビのように復活し、この地域を襲い続けている。

さらに、アジアやアフリカの国々もこの法案に襲われている。特に大きな懸念が集まるのは、9割近い農民が種子を持つアフリカである。2014年7月、アフリカ17カ国が加盟するアフリカ知的財産機関がUPOV1991を署名し、その加盟国で次々に大きな変化が生み出されつつある。農民の種子の権利が奪われると同時に進むのが、遺伝子組み換え農業の開始に向けた動きである。モザンビークをはじめとするアフリカの国々で遺伝子組み換え農業開始の秒読みが始まっている。

一方、先進国政府を見ると、米国は世界に先駆けて作物に特許を認め、遺伝子組み換え企業の排他的特権を認めた国であり、EUもまた種子を厳しく規制しており、EU内では農民間の種子の売買は実質禁止されている。日本政府も1998年にすでにUPOV1991を批准しており、それに合わせて種苗法も改訂している。当初、日本政府は自家採種を原則として認めるとしながら、企業による契約もしくは農水省の省令で自家採種を禁止する例外を設けられるとしている。2018年現在、その例外として自家採種が禁止されている品種は、356品種にものぼる。さらに2018年5月15日には農水省が種苗法を改訂して、これまで原則OKであった自家採種を原則禁止に変更すると報道されたが、農水省は2004年にすでに自家採種禁止方針を打ち立てていた。このように先進国でも種子の権利は制限されている。

UPOV条約以外にも、農民の種子の権利を奪う仕組みとしてWTOのTRIPS協定がある。この2つの枠組みが世界の各国政府に押しつけられつつある。また世界銀行は、2017年1月に種子生産から肥料、市場、水など農業に関わるすべての分野において政府の規制も公的事業も廃止し、企業の自由に委ねることを求める計画（Enabling the Business of Agriculture）を発表している。

農民が持つ種子、さらに公的種子事業が攻撃され、民間企業の種子独占へと道を開こうとする動きが世界規模で広がっていることが見て取れるだろう。

2　廃止された日本の種子法

戦後まもなく成立し、日本の食と農を支えていた主要農作物種子法（以下、種子法）が２０１８年4月、廃止された。種子法は米、大麦、はだか麦、小麦及び大豆の良質の種子を国と都道府県が計画的に生産し、安価に安定供給する行政の責任を定めたものだ。この法の下で地域に合った多様な品種が開発されており、その数は全国で３００品種を超す。日本の主要穀物の種子が国内で完全自給され、戦後、日本でそれらの種子が不足する事態が生じなかったことは、同法の成果である。

種子法廃止方針は、２０１６年10月に規制改革推進会議が突然打ち上げ、２０１７年2月に閣議決定されてしまった。農家や消費者の声を聞くこともなく、種子法は衆参両議院でわずか12時間審議されただけで廃止が決定された。日本の戦後の農業を支えてきた公的種子事業は、民間企業に移行する政策決定がなされたことになる。しかし、民間企業は都道府県が果たしてきた種子事業を引き継ぐ体制を持っているのだろうか。三井化学の資料によると、２０１６年段階の民間企業の種子による米生産は全体のわずか０・３％に過ぎない。住友化学は、２０１５年から２０２０年までの5カ年で自社品種の米生産を67倍に拡大する計画を立てているが、それでも２０２０年で6万トンレベルにとどまる。日本全体の米生産量の１％未満の生産能力しかなく、民間企業には全国の農家に種子を供給できる生産能力がないことはあきらかだ。

農水省は、民間企業が種子生産を担えるようになるまで、都道府県は従来の種子生産を続けることを求める農水次官通知を２０１７年11月15日に出した。その間に都道府県が持つ種子生産のノウハウは民間企業に委譲せよとしている。私たちの税金によって積み重ねられてきた各都道府県の農業試験場などの人材、知見が多国籍企業に取られてしまおうとしている（種子法廃止とほぼ同時に成立した農業競争力強化支援法８条４項参照）。

種子法廃止により、行政の責任が消えて無政府状態になるという批判に対して、農水省は戦後直後は食糧難だったので種子法が必要だったが、現在は食糧難ではなく種子が足りなくなることはないので廃止しても問題ないとしている。種子が戦後不足する事態は起きなかったと前に書いたが、実は一度そうした事態が起きかけた。それも戦後直後ではなく、１９９３年のことだ。この年は、東北が冷害に襲われて種籾が十分採れなかった。しかし、南の石垣島の種籾農家が種籾を東北の農家のために増産してくれたため、東北の農家は難を逃れることができた。現在、気候変動、地殻変動の激化などで水田が大規模に損壊されてしまう危険はむしろ高まっている。残念ながら、利益を度外視しても種籾を確保することは民間企業には期待すべくもない。

3　種子法廃止の二つの理由

なぜ、種子法が廃止されたのか。理由は二つあるだろう。

第一に、種子法の下で、農家には安価で高品質な公共品種の種子が供給されてきた。この状況では、民間企業が作る値段の高い種子の市場は限定的とならざるをえない。現在もコンビニや外食チェーン店向けの種子を三井化学や住友化学などが生産しているが、その種子の値段は公共品種に比べて4倍から10倍高い。安い公共品種がある限り、民間品種は拡がらない。

第二は、「モンサント法案」に見られる世界の動きだ。日本政府は二国間自由貿易協定を通じ、アジアの政府にも種子への権利を制限することを求めている。ＴＰＰを進める日本政府としては、日本市場のみならず、アジアや世界の市場に向けて種子を売ることを想定し、国内外の動きに整合性を取り、民間企業、多国籍企業が自由に利益を得る体制を準備しつつあると見るべきだろう。今後、現在は自家採種原則可能としている種苗法を原則禁止に変える法改悪も出てくることが予想される。この規定が民間企業の種子事業への投資意欲を損なうので変えなければならないと日本政府は捉えるが、日本の農家に与える悪影響については関心を見せない。また省令によって自家採種禁止種を種子法廃止決定した２０１７年から急増させており、法改正審議抜きの実質的種苗法改悪も進みつつある。

4　種子法廃止で何が変わる？

当面は地方自治体による公的種子事業も継続されるため、急激には変わらないだろう。しかし、廃止初年に早くも半分近い都道府県が種子生産圃場の指定を取りやめるなど種子法体制の後退はすでに始まっている。

さらに今後、何が変わるだろうか。まず、公共品種が減ることによる影響は種子価格の高騰であり、また種子の多様性の喪失となる。現在、日本では300品種以上の米が栽培されている。これは道府県がその地域に合った品種を開発した結果であり、公的事業のなせる業である。一方、種籾を開発する民間企業は数が限られており、しかも各社1品種から多くても数品種しか作っていない。新たな品種開発には莫大な資金と時間がかかり、多品種の種子の維持にもやはり資金が必要だ。民間企業では、多様な種子を維持することは到底不可能だ。米の多様性を確保できてきたのは公的種子事業あってこそである。公的種子事業がなくなれば米は数十品種になってしまうことだろう。これでは、地域に合った種子が消えてしまう。しかし、問題はそれにとどまらない。

多国籍企業が開発する種子には育成者権や特許という知的所有権による制限がかけられてしまうため、その自由な利用はできない。種子とセットで農薬・化学肥料を買わなければ、栽培できないケースが多い。種子は企業の所有物であり、生産者は種子を購入すらできず、種子を増殖する委託生産という契約を結ばなければ生産できないことすらある。そうなれば、栽培方法を決定するのも企業となる。減農薬や無農薬のお米がほしいという消費者の声を聞いて、生産者が農薬を使うのをやめれば契約違反になってしまう。産直や生協などのような消費者と生産者の直接的関係は維持できなくなり、企業が種子から生産・流通までを決定していく食のシステムに変わっていくだろう。世界で種子から流通まで多国籍企業がコントロールする食の垂直的統合が進みつつあり、生産者や消費者は食の決定権、食料主権を失う事態に直面している。

5　見直される農家の伝統的な種子

しかし、多国籍企業によるこうした動きは決して順調に進むとは想定できない。種子は生き物であり、もともと多様なものだ。これを工業製品のような画一的なものにすることにはどうしても無理がある。多様性を失った生命はもろい。さらに今、世界で一番伸びている産業は有機農業であり、工業的な食品は不人気だ。

一方、近年、農家が持つ多様な種子の価値が見直され始めている。農薬や化学肥料がなくとも育ち、日照りなどの気候の変化に強く、またアレルギーなどの症状を緩和する体に優しい性質を伝統的な品種が持っていることが再発見されている。国連は「食料および農業のための植物遺伝資源条約」を２００１年に定め、農業の多様性を守ってきた農家の役割の重要性を認知し、農家の種子の権利を守ることは政府の義務であると明記した。ブラジル政府は２００３年の改訂種苗法にクリオーロ種子条項を設け、農家が伝統的に守ってきた種子を守る政策を開始している。韓国の慶尚南道では、在来種農産物保存・育成に関する条例が２００８年に作られている。ヨーロッパでは主要国が有機農業を大幅に拡大させる政策を取っているが、その際の要である種子に関して、これまでの農家による売買禁止という政策を大きく転換させ、これを２０２１年から認めることを２０１８年に決定している。

地域の農業を発展させていくためには、その地域に合った種子が不可欠であり、それを守ろうという運動は今、世界に拡がっている。生協や地域コミュニティが支援・参加する参加型育種によって種採り農家の育種を支援する動きも生まれてきた。国連で成立が間近の小農と農村で働く人びとの権利宣言においても種子の権利が明記されている。食料主権を掲げて闘う世界最大の小農運動組織ビア・カンペシーナの運動がそうした動きを広げている。

6　自由なタネなくして自由な社会はありえない

タネが持つ力を世界の多くの人たちが再発見し、種子の自由を求めて活動を始めている。日本においても、種子法の復活法案が野党6党から提案された。また新潟県、兵庫県、埼玉県は種子法廃止前に種子条例を制定し、廃止に備えた。それに富山県が２０１８年9月に、山形県が10月に種子条例を可決。長野県、北海道、岐阜県、宮崎県、栃木県、茨城県、岩手県が続こうとしている。特筆すべきは長野県の種子条例で、ソバのほか、伝統野菜と将来的に育成すべき在来品種の保全も盛り込んだことである。北海道も「食の安全安心条例」を改正し、この中に在来品種を入れ込むこととしている。

国政レベルでは世界の潮流と真逆の動きばかりだが、地方レベルでは世界のトレンドと軌を一にした動きが始まっている。この動きは今後の日本の食と農を考える時に最重要のものとなっていくだろう。

コラム

韓国の在来種子保全運動の動向

Seedreamの誕生と展開から

Seedream運営委員　金　石基

人類が農耕を始めて以来、種子は重要な資源のひとつとなった。種子は人間の目的によって栽培・利用・選抜されながら、人間と共生・共進化してきたといっても過言ではない。そして、当然のことながら、こうした状況を主導してきたのは農民であった。農民は1万年以上にもわたり、毎年種子を準備しながらそれを守ってきたと言える。

ところが、こうした状況が20世紀に入ると急変する。作物を育種することは科学という専門分野が専門的に担当することとなり、以前から農民が自由に利用してきた種子を、国家という政治体制と癒着した資本主義経済が売買可能な商品にしてしまったのである。これに伴い、種子はますます農民たちの手を離れ、多国籍企業が利潤を創出するための手段へと転落していく。これはある特定の国家にだけで起きたことではなく、自由貿易の基調の下、全世界的に起こっている現象である。こうした状況で世界各地の農民たちは在来種子を守ろうと立ち上がっている。

ここでは韓国において在来種子保全運動を広げているNPOであるSeedreamを中心に、このNPOがいかなる事業を展開し、今後いかなる方向へ進もうとしているのかについて手短に紹介してみたい。

◆在来種子消滅の危機から保全運動へ

多くの産業国と同じく、韓国においても産業化の過程で農業の機械化・規模拡大・商品化が推進され、農民の離農現象が起こり、幾多の在来種子が消え失せた。韓国では、国家機関による在来種の収集事業が最初に推進された1984年から3年間で、全国で9359の在来種子が収集された。その7年後の1994年に、以前の収集地区3カ所を選定して再調査したところ約74％の在来種が消滅していた(1)。

こうした事業とは関係なく、事実上、農民たちは在来種子をずっと保全してきた。ただし、社会経済的条件のため、そうした農民の人口と在来種子の数が減少しただけなのである。こうした文脈からは、国家の収集事業はただ農民たちがやってきたことを国の管理領域に引き入れただけだと評価できるかもしれない。とりわけ、全国種子銀行に保存された種子は、気候や土壌といった自然環境の変化に対する弾力性を失ったまま、単純に消滅しないように保存され、その遺伝資源だけが利用されるという限界がある。種子が生命力を失わないためには農民たちが現地で直接栽培して収集することが欠かせない。

在来種子の消滅現象、種子に対する農民の権利の喪失問題、そして、現場外保存（ex-situ conservation）の限界などに対する憂慮が高まった2000年代中盤、韓国においては、NPO韓国女性農民会総連合（KWPA）を中心に在来種子の保全運動が胎動するようになる。2005年にKWPAは、GMO種子への反対運動の一環として、在来のマメの種子の普及事業を試みる。3粒のタネを会員に配布し増殖する計画だったが、在来種子で種取りができたのは伝統農法の知識を持つ高齢の女性農民、すなわち、ハルモニ（おばあちゃん）だけであった。近代農業の知識では在来種子が復活できない事実が決定的な契機となり、女性農民の大切さを自覚したKWPAは2007年に「在来種子ネットワーク」を結成し、国際フォーラムも開催しつつ、在来種子保全の内容を具体化して前進していく。そして、これが2008年4月に、韓国において初めて在来種子保全運動を広げる「Seedream」を結成する原動力になった。

◆Seedreamの10年の活動の内容

Seedreamは農民が直接的に在来種子を保全

できるように農民の権利を保護し、農業の生物多様性や持続可能性を確保することを目標として活動している。このため2018年現在、在来種子保全と志をともにするさまざまな民間団体や個人が運営委員として参加し、こうした活動を支持・後援する280余名の会員が登録されている。過去10年のSeedreamの活動をまとめると以下のようになる。

①在来種子と伝統知識の発掘及び収集。2008年から毎年1~2つの市や郡を対象に、該当地域の農民から在来種子やそれと関連した伝統知識を調査・収集している。これによって2018年7月現在、15の市・郡において172種類の作物で5335点の在来種子、そして関連した伝統知識が確認されている。この成果は「在来種子収集マニュアル」「在来種子農法マニュアル」といった関連図書の出版につながっている。

②在来種子の現地内保存(in-situ conservation)および種子銀行の運営。収集した在来種子は自主的に運営される種子銀行および関連公共機関(農村振興庁、山林庁)に分散して保存される一方、Seedreamの試験圃場と全国各地にある農民の会員の農地において栽培され、その特性を調査して増殖をしている。

③1年に1回、在来種子の交換イベントおよびインターネットでの常時分譲。収集された量が多い場合や圃場で増殖した在来種子は、非会員である農民・市民に(毎年イベントを開催して)交換・分配され、また、会員にはインターネットを通じて常時分譲されている。この際、種子は売買できないとの原則によって無料で分配されているが、会員の場合には毎月後援支援金を納付して、非会員は行事の参加費を納付するようにして、運営費にあてている。そして分配された種子は採種された後、それ以上の量を返却するようにしている。

④農民・市民を対象とした種子学校の運営。2010年から毎年農民と市民が参加する種子学校が開かれている。市民には在来種子に対する認識を広げ、農業者に対しては種子と関連したさらに深い専門技術や知識を学べる講座を設け、在来種子の保全のための支持層と人材を拡充している。

⑤在来種子の生産協同体の運営。Seedreamで

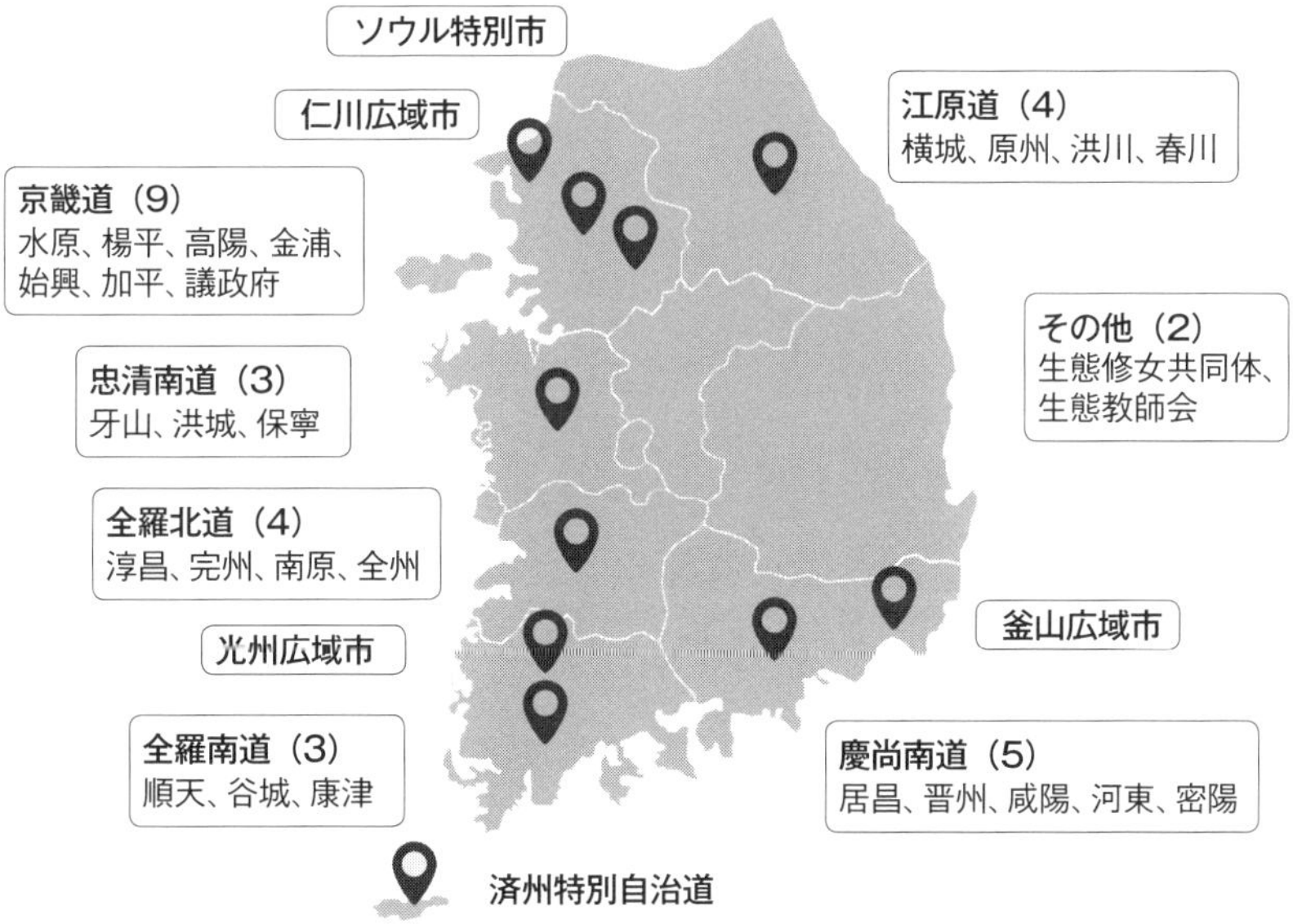

図15　韓国の地域別在来種子同好会の分布（2018年）

は在来種子を安定的・持続的に保全するため作物別に生産協同体を結成して農家所得の向上を目指している。現在、Ｓｅｅｄｒｅａｍとともに在来種の稲・雑穀・豆・唐辛子等を栽培する農民が増えている。稲の場合、２０１３年から約１５０品種の在来種が栽培され、ワークショップ、試食会、伝統酒試飲会等の行事が開催されている。豆は１００品種、雑穀は7品種、唐辛子は12品種が会員農家の間で活用するやり方が模索されている。

⑥在来種子と関連した条例制定のための諮問機関。韓国では２０１８年現在、12の地方自治体で在来種子と関連した条例が制定されたが、これを推進する地方自治体がますます増えている。この過程でＳｅｅｄｒｅａｍが諮問機関の役割を果たしている。

⑦地域別在来種子同好会の支援。全国では36の在来種子同好会が結成されて、Ｓｅｅｄｒｅａｍとともに採種圃を運営して、いろいろな行事や事業を支援するなど、在来種子の保全のために多様な活動を展開している。

◆今後の課題

以上、Ｓｅｅｄｒｅａｍのこれまでの活動を中心に韓国の在来種子の保全運動を見てきた。前述のように、韓国の在来種子保全運動は官ではなく民間が主導して来た。このためさまざまな団体や個人が連合して運動を展開し、現場の農民が主体的に参加できる場をつくろうと努力してきた。こうした成果を土台として、Ｓｅｅｄｒｅａｍが今後、推進しようとしている課題は以下のとおりである。

①官の参加をさらに促し、条例の制定だけではなく、各地域内で安定的に在来種子が保全されることができる社会・経済的基盤を用意する（例えば、在来種子とローカルフードの連携、在来種子農産物の加工と販売事業、在来種子栽培時の補助金支援など）。

②農業関連研究機関と緊密に協力し、種子と関連した体系的・専門的知識を共有する。

③今まで調査してきた在来種子と伝統知識のデータベースを構築し、さらに多くの農民や都市住民が在来種子保全運動に参加できる道を用意する。

④自由貿易体制において種子企業に有利な国内外の各種種子関連法案に農民の権利が反映されるよう、新しく制定・改正して、誰もが在来種子を自由に利用することを推進する。

種子は誰のモノでもない公共財である。Ｓｅｅｄｒｅａｍの活動はこれを実現させるための元肥（基礎）となるはずである。この過程で、今後、韓国と日本両国の連携した協力がなされることを希望したい。

【参考文献】
（１）安完植ほか「作物在来種の消滅傾向分析」、韓国育種学会（Korean Breeding Society）学術発表会、１９９４年。

コラム

タネをあやす　農家としての幸せな世界

長崎県雲仙市・農業　岩崎政利

２０１７年の夏も、黒皮カボチャ、バターナッツカボチャ、地カボチャ、平家キュウリ、熊本在来キュウリ、山口在来キュウリ、無地皮スイカ、ズッキーニ、バナナウリ、弘岡カブ、長崎赤カブ、金町コカブ、平家ダイコン、源助ダイコン、雲仙赤紫ダイコン、しゃくし菜、五寸ニンジン、大和真菜、雲仙こぶ高菜、九条ネギ、アブラナ、チンゲンサイなど次々にあやしました。

この作業を以前は川の土手などへ行って一人でやっていました。これだけの野菜のタネを一人であやすと何日もかかってしまいます。しかし、この作業を体験してみたいという人が年々増えてきました。２０１７年は大学生50名と一般のリポーター10名が一緒にタネをあやしました。やはり、みんなでやれ

◆みんなであやす

40年近く有機農業に取り組み、50品種以上の野菜のタネを採り続けてきました。毎年7月の終わりに、5月後半から6月にかけて収穫して保存しておいたさまざまな野菜の鞘や果実からタネを取り出します。私はこの作業を「タネをあやす」と表現しています。

アブラナ科の野菜は、十分に乾燥させた鞘の束を左手で抱えて右手で触ってタネを取り出していきます。その姿が、小さな子どもを両手に抱いてあやす姿に本当によく似ているので。カボチャやキュウリ、ズッキーニなどの野菜は、水の中で両手でもんでタネを採ります。これも「あやす」。

ばとても作業が早いと感じます。

ただ、天気だけは心配です。せっかく準備していても、その日が雨ではできません。前日が雨であってもダメです。鞘はすぐに水分を吸収してしまい、タネを落とせなくなりますし、タネがよく乾燥していないとカビが発生してしまいます。それでも、農業に日頃あまり縁がない方、あるいは在来品種に関心のある方に、タネ採り作業の体験を通じて、年々消え行く在来品種のことやタネ採りの大切さをより知ってもらおうと続けています。

実際にタネをあやした方は、鞘の時にはたくさんあるように見えても、タネを落としてみるとその量がじつに少ないことを知って驚かれます。落としたタネから、さらに風で小さなタネを飛ばすとまた一段と少なくなります。それでも、前年播いた両手いっぱいのタネが、今年も両手いっぱいのタネになって戻ってきたことを実感でき、タネを守っているという、いちばん大切なことが感じられる瞬間です。私にとっても、参加者のたくさんの手に囲まれ、あやされながら、またタネが守られていくと感じる瞬間です。

◆同じ畑で育つことで、野菜は安心する

2017年12月、例年よりおよそ20日も遅れて、源助ダイコンを収穫しました。前年に採ったばかりのタネと、3～4年前に採った少し古いタネの両方を播いたら、やはり新しいタネのほうが肥大が優れていました。わずか3年くらいでこんなに違うものかと感じ、タネ採りは毎年手抜きができないのだなと思います。

収穫したら、その中からタネを採る株（母本）にするためのダイコンを選抜します。ぽっちゃりとかわいい姿のダイコンを選ぶようにしています。1回の収穫で選抜するダイコンは20～30本。収穫3回ほどで必要な分を確保します。

選抜したダイコンは畑の脇に植え直します。風の吹き返しがなく、強い風が当たらない場所がよいのですが、畑の中でもそういう場所は多くなく、だいたいいつも同じ場所になります。

十数年前からは、あえて前年と同じ場所に植え直すようにしています。野菜は同じ場所で暮らしていくのが安心なのか、繰り返し同じ場所でつくってい

るうちに、だんだんとよいダイコンになっていくからです。野菜自身がその畑のことを知り、風土にも適応していき、その野菜のいちばん素敵な姿になっていくのではないか、温暖化や異常気象の中でも生き延びるタネになるのではないか、と思っています。

同じ場所でつくり続けることで、その畑にいちばん合ったタネを育て、畑の中で守っていく。それができるのは、そのタネとその畑を知り尽くした生産者だからこそだと思います。

◆農家の思いに野菜が応える

野菜の多様性は私たち人間の社会にも似ています。いろいろな人間が共存して社会をつくっていますが、在来品種の世界も同じ。昔はあたりまえのように、さまざまな野菜がタネ採りされてつくられていました。今も在来品種のタネが市販されてはいますが、以前に比べて少なくなっています。

現在、畑の多くでは、つくられている野菜が見事に揃い、一つ一つ同じように育っています。見栄えもたいへんよい品種が多くなり、伝統野菜のブームが多少あるとはいえ、多様性豊かな在来品種などは生きる場所がますます少なくなっています。

しかし、在来品種などの多様性豊かな野菜から、気に入ったものを選んでタネを採り続けていると、タネ採りした人が願う姿に、野菜のほうが近づいてくる気がします。逆に、人がついつい欲を出して、より大きいものにしよう、より美しいものにしよう、より収量が多いものにしようとすると、少し野菜が疲れて弱っていくこともありますし、太いものにしようか、細いものにしようかと迷いながらタネ採りすると、野菜もまた迷っているような姿になります。タネ採りを10年、20年と続けて、タネを守っていくうちに、自分もまた、自分が育て続けた野菜をいちばん上手に活かせる生産者へと変わっていくような気がします。

植物である野菜にとって、見栄えの違いや生育の不揃いは生き続けるためのあたりまえのことだと思います。そう考えると多様性豊かな野菜こそ素敵なものに見えてきますし、じつは多様性の豊かさこそが、野菜のおいしさにもつながっているのではないかと思えてきます。

農家はタネ採りという営みを淡々と繰り返してタ

ネを守る。その思いに応え、野菜はその地のその畑の風土になじみながら、少しずつ形や味を変え、やがてはその地の伝統野菜へと育っていく。タネを守るとは、多様な野菜から多様な味と食文化を育んでいくことだと感じます。

注：本稿は『現代農業』２０１８年2月号から転載した。

IV

小農の権利に関する国連宣言

明治学院大学国際平和研究所　研究員
舩田クラーセンさやか

1　国連宣言はなぜ画期的か

　日本ではほとんど知られていないこととはいえ、「小農と農村で働く人びとに関する権利　国連宣言」（以下、国連宣言）が国際政治の日程にのぼってから、はや10年の歳月が流れた。ジュネーブの国連人権理事会で、２０１２年から始まったこの宣言に関する議論は、２０１８年９月28日についに草稿が採択され、11月20日の国連総会第３委員会での採択を経て[注1]、同年12月17日、国連総会（第73セッション）で圧倒的多数の賛成票（１２１カ国）を集めて採択された。反対は英米など８カ国、棄権は日本を含む54カ国であった。それでも、この宣言が採択に至った事実、そして７割近い国が賛成票を投じたことは注目に値する。

　この宣言は、多くの点で画期的なものとなっている。まずは、「小農と農村で働く人びと」を人権擁護のための特定「社会グループ」として認定している点。次に、当事者である小農自身が、宣言の土台となる「小農男女の権利宣言」（以下、「小農の権利宣言」）を提供している点。そして、これらの当事者グループが、国連での議論に積極的に参加してきた点。最後に、小農が数々の「新しい権利」を提起した点である。また、これらの「小農」の多くが、アジア、アフリカ、中南米のいわゆる「途上国」と呼ばれる南半球の国々の小農である点にも注目したい。

　国際政治の最先端となる議論の場に突如現れた「南の小農」。日本では、今なお、多くの人がこのことを知らず、知ったとしても半信半疑の人もいるだろう。しかし、小農は、その暮らしの基盤が破壊される危機に直面しながらも、ただ翻弄されるだけでなく、国境を越えて連帯し、部分的であれ国際舞台で重要な役割を果たすようになっている。

　本章では、この宣言が国連で策定されるに至った経緯、中身の変遷に関わる各国代表と農民運動、市民社会の相克、日本の関わりついて紹介する。最後に、この宣言の意義を、人類史上に位置づけて考えてみたい。

2　「国連宣言」前史

(1) ビア・カンペシーナと「小農の権利宣言」

　国連での「国連宣言」採択は、トランスナショナル（国境を超える）農民運動ビア・カンペシーナの悲願であった。ビア・カンペシーナは、80カ国の２億人の小農を代表する世界最大の小農運動とされている。

冷戦後の世界におけるネオリベラルな政策の伸張は、食と農の分野にも大きな影響を及ぼし、とりわけ「南の国々」で小農の土地や水、種子への権利を弱める傾向を強めていた。これを受けて、インドネシアのビア・カンペシーナは、「小農の権利」を保障するための国際法の整備を目指し、2000年頃から国際NGOらと議論を重ねてきた。2004年からは、国連人権理事会に「小農の権利」侵害に関する年度報告書を提出するとともに、「小農の権利宣言」の起草を開始した。

2007／8年に起きた国際食料価格の急騰は、農地への国際投機を加速化し、世界中の小農の土地を次々に奪うこととなった。この「ランドグラブ（土地強奪）」と呼ばれる現象によって、現在までに4900万ヘクタール（日本の耕地面積の10倍以上）が世界で商取引されるに至っている。(注2) さらに、土地収奪や森林伐採に抗うために立ち上がった地元の小農や先住民族のリーダーが次々に殺され、報告書に記された深刻な実態は大きな関心を呼ぶこととなった。(注3) この最中の2008年6月、ビア・カンペシーナは世界中の小農リーダーをインドネシアに集め、「小農の権利会議」を開催し、「小農男女の権利宣言」を発表した。

（2）国連と「食料への権利」(注4)、人権アプローチ

それから1年もたたない2009年4月、国連総会の「食料保障に関するハイレベル・タスクフォース」に、ビア・カンペシーナ（インドネシア）のヘンリー・サラギ（Henry Saragih）が招待された。サラギは、前述「小農の権利会議」の開催と「小農の権利宣言」の起草に大きな役割を果たした人物であった。国連で小農が食料問題の主要な当事者として演説する機会が設けられたのは画期的な出来事であった。その立役者が、国連「食料への権利（rights to food）」特別報告者のオリヴィエ・ド・シュトゥール（Olivier de Schutter）である。

それまで、グローバルな食料危機の原因は「（農業）開発の不十分さ」に転嫁される傾向にあった。しかし、シュトゥールは、2008年5月の国連人権理事会での議論を通じ、「権利の問題」として意識の転換を促すとともに、同年9月の国連総会報告書（A／HRC/9/23）で「食料と栄養の問題」を「人権アプロ

ーチ」で捉える必要性を訴え、一定程度これに成功した。その成果が、２００９年3月20日の国連人権理事会における「食料への権利」決議である。

サラギは、この決議に触れる形で、次の点を求めた。まず、「食料への権利の文脈の中で生じる差別」に関する調査を行い、その報告書を国連人権理事会に提出すること。特に、この差別を乗り越えるために効果のあった政策や戦略を特定すること。その上で、サラギは、シュトゥールが国連報告書で提唱した「食料への権利の構造化」の実現を強く訴えた。この「構造化」とは、各国で「食料への権利」の基準を定め、その基準が守られない場合、その対応を法制度で保障することである。その理由として、①国家レベルの主権者には小規模農家と農業労働者が含まれているが、これらの人びとが食料に不安を抱えている点。②この社会階層こそが、人びとに持続可能な形で食料を提供するなどの面で重要な役割を果たしている点があげられた。サラギは、食料危機に対する法的・政策的方向性としては、「食料に不安がある人びとの権利」を発展させる（エンパワーする）ことこそが重要かつ火急の課題であると強調した。

また、サラギは、国連や各国は、「食料への権利」を保障するための国際ガバナンスを機能させることで食料危機の回避が可能と分かっていたにもかかわらず、それを放置した。したがって、国内外の「バッド・ガバナンス」の結果として、この危機が生じたと結論づけた。

（3）国連人権理事会の諮問委員会による予備報告

食料危機は、人権、国際ガバナンス、民主的国家運営と密接に関わる問題であり、構造的な変革が不可欠であるとの考えが国連で紹介され、これが広まっていくようになった。つまり、「食料への権利／人権アプローチ」は国際規範化の道を歩み始めたのである。

これを受けた国連人権理事会の諮問委員会は、２０１１年1月の人権理事会、2月の総会に対し、「小農と農村で働く人びとの権利の前進に関する予備調査報告」を提出した（A/HRC/16/63）(注5)。

この報告書の最大の特徴は、「被差別・脆弱グループ」として「小農、土地なし農民、農村で働く人びと、伝統的漁撈者、狩猟採取民、牧畜民、小農女性」を特定している点である。差別や脆弱性に苦しむ人びとが「特定社会グループ」として認識されたことは、国際法上大きな意味をもった。

予備報告書は、差別や脆弱性の原因として、次の5点を明記した。土地収奪、ジェンダー差別、農地改革や農業政策の不備、最低賃金や社会保障の不十分さ、抵抗への弾圧や違法化である。そして、これらの人びとの権利を擁護する際に土台となる人権宣言や条約などが列挙され、次の三つの行動が提起されている。①現在の国際規範の具現化、②規範と現実とのギャップを埋める努力、③新しい法的ツールの活用である。この際、予備報告書は、2008年のビア・カンペシーナによる「小農の権利宣言」を「モデル」として取り上げ[注6]、同宣言に先駆的に盛り込まれたいくつかの「新しい権利（土地や種子などへの権利）」に注目するように呼びかけている。

この結果を踏まえ、国連人権理事会は宣言の準備を採択した。つまり、ビア・カンペシーナの「小農の権利宣言」を土台として、国連宣言が準備される道が拓かれたのであった。

3　国連人権理事会での協議の開始

しかし、新しい国連宣言のハードルは決して低いものではなかった。

国連人権理事会の文書には、「国連宣言」の目的と手順が次のように記されている。[注7] まず、貧困と同様に餓えに苦しむ人の8割が農村住民であること。そして、その多くが途上国に暮らし、その半分が小規模な農民であり、差別と搾取に苦しんでいること。次に、すでに国連宣言案が諮問委員会から提出されていることを歓迎し、この案を土台として「国連宣言」を交渉、最終化、提出するための「オープンエンド（無期限）の政府間作業グループ」を設置すること。そして、国家、市民社会、小農および農村で働く人びとの代表者の参加である。

以上の決議文は、理事国を構成する47カ国の多数決で採択された。[注8] ただし、賛成国23ヵ国に対し、反対国9カ国、棄権15カ国となっており、反対と棄権がまとまれば賛成を覆すことが可能だったこと、しかし現実には多くが棄権に回ったことが分かる。

賛成国の内訳をみると、サハラ以南アフリカ7カ国、中南米7カ国、アジア7カ国、[注9]ロシア・旧ロシア連邦2カ国となっており、「南の国々」の存在感、中でも小農が人口に占める割合の多い国の賛成が見て取れる。反対票を投じたのは、EU加盟7カ国とオーストラリアと米国など農産物の輸出国が占めている。棄権は、北アフリカ・中東諸国6カ国、島嶼国2カ国など食料輸入国が多い。その他、セネガル、メキシコなど農業が盛んな国が一部含まれている。遺伝子組み換え企業があったスイス、海外農地投資が問題化したノルウェーも棄権している。

4 ビア・カンペシーナの「小農の権利宣言」

(1)「先住民族の権利に関する国連宣言」の重要性

以上の経緯をへて、ついに「南の小農」が起草した「小農の権利宣言」は、国連宣言のモデルとなった。それを狙って準備されたとはいえ、これは歴史上類を見ないことであった。

ビア・カンペシーナが「小農の権利宣言」を準備していくにあたって参考にしたのが、2007年に採択された「先住民族の権利に関する国連宣言」(以下、先住民族宣言)である。[注10]この宣言は、実に25年の歳月をかけて採択にこぎ着けたものであった。

「先住民族宣言」は、あらゆる面で画期的であり、後の「国連宣言」の策定に多大な影響を及ぼした。[注11]ビア・カンペシーナは、過去の教訓から「小農の権利宣言」を国連より先に準備することで、国連での協議で主導的な役割を果たそうと試みたのである。

(2)「小農の権利宣言」の先駆的特徴

「小農の権利宣言」の特徴は、「小農」に「農村で働く人びと」を加え、その対象を小規模農民、土地なし農民だけでなく、農村部の非農家世帯、たとえば漁撈者、伝統工芸の職人、その他の農村部に暮らす人びと(移動牧畜民、遊牧民、移動農業、狩猟採集民、その他の同様の生業の人びと)に広げた点にあった。そして、何より「大地の民(the people of land)」として自らを表し、小農が「地域社会に根ざす存在であり、地域の景観とアグロエコロジカル(農業生態的)なシステムを保全する」と書いたことである。これらの点は、諮問委員会案にそのまま反映された。

次に「宣言」は、これらの人びとの擁護されるべき権利として次のような権利を表明した。（三条）生存権、生活の質の向上への権利、（十二条）結社や自由な意見を表明する権利。この他、（四条）土地とテリトリー（領域）に対する権利、（五条）価格と市場を決める自由、（六条）農業生産の手法に対する権利、（七条）種子（たね）および伝統的な農に関する知識（知恵）・実践に対する権利、（八条）情報と農業生産に対する権利、（九条）地域社会における農業の価値の保護、（十条）生物多様性に対する権利、（十一条）環境を保全する権利、（十三条）正義への権利など、すでに間接的あるいは関連する国際的な条約や合意があるとはいえ、「〜の権利」という用語でまとめるという意味では、「新しい権利」ともいえるものであった。これらの大半が、諮問委員会案に採用されている。

5　諮問委員会案（第一草稿）からの変容

（1）第4回セッション提出草稿に見られる変化

「先住民族宣言」を採択まで導いた中南米諸国が、「国連宣言」においても重要な役割を果たしている。これは、歴代作業グループ議長がともにボリビア出身である点にも示されている。(注12) この背景に、2000年以降、中南米で顕著になってきた、当事者を中心とする社会運動の勃興と政権奪取が大きく関わっている。

諮問委員会案には英文6ページに12条しかなかったが、2017年5月の第4回セッション提出草稿（本書囲みの全訳原文を参照）は16ページ27条に上っている。膨らんだ理由は、対象となる主体や論点が追加されていったことが背景にある。農村部の季節労働者や移民労働者（不法を含む）が対象に加えられた点も見逃してならない。しかし、特に注目したいのが、「農村・農民女性」が宣言の中心として重視されるようになった点である。

日本では、「農民」よりも「農家」という表現が使われる。いずれも家族農業の重要性という意味では意義深い用語であるが、他方で農村の女性の存在や男性と異なる課題を不可視化してしまう問題を包含している。2008年時点の「小農の権利宣言」では、女性への視点が弱かった。しかし、農民・農村女性の国境を越えた連帯が急速に進み、農民運動内での女性の意思決定への参画が強化されたことを受け、国連をも突き動かす結果となっていることについては、もっと注目されるべきだろう。

(2)「食料主権」「集合的権利」の攻防

以上の積極的な意味をもった加筆の一方で、最終局面に向かっていくに従い、ビア・カンペシーナが提唱し諮問委員会案に取り入れられた「新しい権利」削除の動きが顕著になっていく。この点で特に役割を果たしたのが、宣言の策定自体に絶対反対の米国、宣言策定に反対しないが文言を限定しようとするEU(欧州連合)とその加盟国(特に英国)であった。

これらの国の攻撃対象となったのが、「食料主権(food sovereignty)」「集合的権利」、「土地・自然資源に対する権利」「種子(たね)への権利」であり、特にこの傾向が顕著に見られたのが、2018年4月の第5回セッションであった。

「食料主権」を掲げた第十五条は、第4回セッションで激しい批判にさらされ、草稿では「適切な食料への権利」に修正されていた。しかし、これでも不満な米国、EU、日本などは、すべての「食料主権」という文言の削除、あるいは「食料保障」への変更を執拗に迫った。その理由として、国際的に認められていない概念だという主張がなされた。

しかし、国際NGOが各国・地域で食料主権を明記した条約の締結例を具体的に紹介してこれに対抗すると、世界の農民運動や市民団体、そして中南米やアフリカ諸国の代表が次々にその事実を追認し、最後に専門家のいずれもが「食料主権」を削除しないよう勧告した。

また、第十五条や第十七条で触れられる「集合的権利」に対する米国や英国、EU諸国の反対が根強かったことから、この点に特化した協議の場が別途設けられた。反対国の主張は、「国際法上に十分な土台がなく、国内法に抵触する」というものであった。しかし、実際のところは、「集合的権利」は「先住民族宣言」ですでに十分に確立された権利であることが、中南米諸国や専門家によって指摘された。最終的には、地域社会の中で農的営みを行う小農と農村で働く人びとの権利を擁護するために、「集合的権利」は宣言全体の基層を構成し、これなしに宣言は意味をなさないとの専門家の相次ぐ指摘が議論を終わらせた。

(3)「土地・自然資源に対する権利」「種子(たね)への権利」をめぐる攻防

第十七条「土地・自然資源に対する権利」には、当初「テリトリー（領域）」という文言が入っていたが、国家主権に抵触するという主張により「土地」だけの記載となった。それでも、「土地・自然資源に対するアクセスの権利」に変更するように迫る国、農地改革の義務化への抵抗を示す国もあった。しかし、これに対し、農民運動や市民社会、専門家が反論の大合唱を繰り広げた。「土地に対する権利」は、「経済的・社会的・文化的権利に関する国際規約」やＦＡＯの「任意ガイドライン」、そして持続可能な開発目標（ＳＤＧｓ）に明確に書き込まれていること、また小農は土地から切り離して存在はし得ないという現実から、現行案通りとすることが要請された。

より活発な議論がなされたのが、第十九条の「種子（たね）への権利」であった。この削除あるいは「種子（たね）へのアクセスの権利」への変更を強固に主張したのが米国やＥＵ、日本などであった。その理由は、「新しい権利」であり「知的所有権」を侵害するというものであった。この主張に対しては、小農の権利において「種子（たね）への権利」は根源的な位置を占めており、特許に関する国際的な合意の改変によってこの権利が脅かされている現状から、この権利の堅持は不可欠であるとの反論が多くの参加者からなされた。そして、専門家や市民社会組織は、人権は知的所有権よりも上位の権利であること、これは「食料農業植物遺伝子資源条約」や「先住民族宣言」にも明確に記されていると指摘し、この主張を退けた。

6　農村の自然と叡智を守り続けるために

第５回セッションで示された米国やヨーロッパ諸国の反論、それに理念なしに追従する日本の姿は、第二次世界大戦後に進化を続けてきた人権概念と国際法の発展に背を向けた姿勢に見える。それは、民族自決を重視して設立されたはずの国連において、これらの国々が植民地や人種差別下にある住民の自決権に背を向ける（あるいは冷淡な態度をとった）姿を想起させるものであった。この国連宣言で重要な役割を果たしているのが、アジア、アフリカ、中南米のかつての被植民地国であり、「非同盟諸国グループ」である点も象徴的である。また、自国企業を代弁して、「知的所有権」を主張する各国代表に対して、当事者や専門家が「それはヒューマニティ（人間性）の危機より小さな問題である」とした指摘は、時に議場に深い沈黙をもたらした。前文から消し去られようとした「母なる地球（マザー・アース）」を守ろうとした人びとの声もまた、国際法の範疇に限界を設けることで狭い国益を優先しようとする意図を黙らせる結果となった。

　過去１５０年の国際政治と人びととの権利をめぐる相克を研究してきた者としていえることは、この「国連宣言」が、狭い意味で「小農のもの」であることを超えている点である。人類が戦争や暴力や搾取や破壊の限りを尽くし続けてきた20世紀をへて、目の前に現れた危機の時代に、世界の小農や農村の人びとが長い年月をかけて育んできた自然や叡智を守れるか否かの瀬戸際にいること、そして国際連帯の可能性を改めて思い起こさせてくれているといえる。

（注1）国連人権理事会では賛成33カ国、反対が英国、オーストラリア、ハンガリーの３カ国、棄権が日本を含む11カ国であった。国連総会第3委員会では賛成１１９カ国、米国、英国、オーストラリア、ニュージーランドなど反対が7カ国、日本など49カ国が棄権した。

（注2）Land matrix（https://landmatrix.org/en/）（採録日：２０１８年9月5日）

（注3）La Via Campesina. 2005. Annual Report on Human Right Violation.（https://viacampesina.org/en/annual-report-on-human-right-violation-2005/）（採録日：２０１８年9月5日）

（注4）筆者は、この概念の成立と普及に重要な役割を果たした社会運動（農民運動を含む）が語るFoodを「食料」とすることには違和感があり、通常「食への権利」「食の主権」を使うが、本全体の一貫性が必要とされているため、やむなく本稿では「食料への権利」「食料主権」を使用する。

（注5）諮問委員は、加盟国政府が人権団体や市民社会組織と協議の上で候補者を絞り、理事会で採択される。アジア・アフリカから5名、中南米から3名、東欧から2名、西欧・その他地域から３名の専門家が提案されることになっている。

（注6）同時に、国連参考資料A/HRC/13/32, annexとして添付した。

（注7）２０１２年9月総会提出、A/HRC/RES/21/19。

（注8）アジア・アフリカに各13カ国、中南米8カ国、東欧6カ国、西欧・その他7カ国の代表国が参加している。

（注9）東南アジア４カ国、南アジア２カ国、北東アジア１カ国（中国）である。

（注10）世界には、70カ国に５０００以上の先住民族集団、３億７０００万人が暮らす。

（注11）たとえば、準備プロセスに先住民族の代表者や彼らが選ぶ専門家が重要な役割を果たしたこと、個人の権利だけでなく集団の権利が認められたこと、そして固有の生活様式を守り社会経済開発において自身のビジョンを追求する権利が認められたことなどの点である。

（注12）Angelica C. Navarro LlanosとLuis Fernando Rosales Lozada。

小農と農村で働く人びとの権利に関する国連宣言

２０１８年10月30日

https://documents-dds-ny.un.org/doc/UNDOC/GEN/G17/051/60/PDF/G1705160.pdf?OpenElement

A/c3/73/L.30（国連総会決議）

〔宣言の構成〕

前文
第一条　小農と農村で働く人びとの定義
第二条　加盟国の義務
第三条　不平等および差別の禁止
第四条　小農女性と農村で働く女性の権利
第五条　自然資源に対する権利と発展〔開発〕の権利
第六条　生命、自由、安全に対する権利
第七条　移動の権利
第八条　思想、言論、表現の自由
第九条　結社の自由
第十条　参加の権利
第十一条　生産、販売、流通に関わる情報に対する権利
第十二条　司法へのアクセス
第十三条　働く権利
第十四条　職場での安全と健康に対する権利
第十五条　食への権利と食の主権
第十六条　十分な所得と人間らしい暮らし、生産手段に対する権利
第十七条　土地ならびにその他の自然資源に対する権利
第十八条　安全かつ汚染されていない健康に良い環境に対する権利
第十九条　種子（たね）への権利
第二十条　生物多様性に対する権利
第二十一条　水と衛生に対する権利
第二十二条　社会保障に対する権利
第二十三条　健康に対する権利
第二十四条　適切な住居に対する権利
第二十五条　教育と研修の権利
第二十六条　文化的権利と伝統的知識（知恵）に対する権利
第二十七条　国際連合と他の国際機関の責務
第二十八条　（追加）

※第一条～第二十七条のタイトルは作業部会の議長兼報告者が提案した「小農と農村で働く人びとの権利についての宣言（案）」段階のもので、国連総会で採択された宣言にはタイトルは入っていない。第二十八条は新たに追加されたもの。

国連総会は、

2018年9月28日の決議39／12、小農と農村で働く人びとの権利に関する国連宣言を人権理事会が採択したことを歓迎し、

1．小農と農村で働く人びとの権利に関する国連宣言について、本決議の附属書通りの内容で採択し、

2．各国政府、国連機関・組織、ならびに、政府間および非政府組織が本宣言を普及し、これについての敬意と理解を全世界に促すことを求め、

3．本宣言文を *Human Rights: A Compilation of International Instruments*（「人権―国際法文集」）の次版に含めることを国連事務総長に要請する。

〔附属書〕

国連総会は、

すべての人びとが生まれながらにして持つ尊厳、価値、平等かつ不可譲の人権を承認した、国連憲章に明記される原則が、世界における自由、正義、平和の基礎となることを想起し、

世界人権宣言、あらゆる形態の人種差別の撤廃に関する国際条約、経済的・社会的および文化的権利に関する国際規約、市民的および政治的権利に関する国際規約、女性に対するあらゆる形態の差別の撤廃に関する条約〔女性差別撤廃条約〕、児童の権利に関する条約〔子どもの権利条約〕、すべての移住労働者およびその家族の構成員の権利の保護に関する国際条約、これに関連する国際労働機関（ＩＬＯ）の条約、および、全世界的または地域レベルで採択された他の関連する国際条約に明記される原則を考慮し、

発展（開発）の権利に関する宣言を再確認するとともに、発展（開発）の権利が、すべての個人とすべての人びと（人民）にとって、不可譲の人権の一部を成し、これらの人びとが、人権に関わるすべての権利と基本的自由が完全に具現化される経済的、社会的、文化的、政治的な発展（のプロセス）に参加し、貢献し、それを享受することができる権利を有することを再確認し、

また、先住民族の権利に関する国連宣言を再確認し、

すべての人権は、普遍的かつ不可分であり、相互に関連し、依拠し、補完し、同一の立場に基づき、また同様に重点をおいて、公平かつ公正に扱われなければならないことを確認し、一範疇の権利の促進と擁護によって、他の権利の促進と擁護を加盟国が免れてはならないこと改めて強く明言し、

小農と農村で働く人びとが結びつき、これらの人びとが暮らしていくために依存する土地、水、自然の間の特別な関係および関わり合いを認識し、

世界のあらゆる地域の小農と農村で働く人びとによる、世界の食と農業生産の基盤を構成する過去、現在、未来の発展（開発）と生物多様性の保全と向上に対する貢献、そして持続可能な開発のための2030アジェンダを含む国際的に合意された開発目標の達成のために不可欠である、適切な食と食料保障への権利の保障における貢献を認識し、

小農と農村で働く人びとが、貧困と飢え、栄養不足に著しく陥っていることを懸念し、

また、小農と農村で働く人びとが、環境破壊と気候変動がも

たらす被害を受けていることを懸念し、
世界で小農の高齢化が進み、農村生活におけるインセンティブの欠如や重労働を理由に、若者がますます都市部へと移住し、農業に背を向けていることを懸念し、とりわけ農村の若者に対して、農村における経済の多様化と、農場労働以外の機会創出の必要をさらに認識しつつ、
ますます多くの小農と農村で働く人びとが、毎年強制的な追い出しあるいは立ち退きを強いられていることに警鐘を鳴らし、さらに、いくつかの国で小農の自殺が多発していることに危機感を募らせ、
小農女性と農村女性が、家族が経済的に生きのびることができるよう、さらには農村と国の経済に対して、貨幣経済外の労働を含む重要な役割を果たしていながら、土地の所有・利用権、または、土地、生産資源、金融サービス、情報、雇用、社会的保護への平等なアクセスをしばしば拒まれ、さらには、頻繁に様々な形態や表現による暴力と差別の犠牲となっていることを強調し、
加えて、関連する人権法に従って、貧困、飢え、栄養失調の根絶、質の高い教育と健康の促進、化学物質と廃棄物汚染からの保護、児童労働の廃絶を通じて、農村の子どもの権利を促進し擁護することの重要性を強調し、
とりわけ、いくつかの要因により、小農および農村で働く人びと、小規模漁撈者、漁業労働者、牧畜民、林業従事者、コミュニティの声の反映、人権および土地の所有・利用権の擁護、これらの人びとが依存する自然資源の持続可能な利用の保障といった点が困難になっていることについて強調し、
土地、水、種子（たね）、その他の自然資源へのアクセスが、農村の人びとにとってますます困難になっていることを改めて認識し、生産を可能とする資源へのアクセスの改善と農村の適切な発展（開発）のための投資の重要性を強調しつつ、
小農と農村で働く人びとの持続可能な農業生産の実践と促進の努力、これには多くの国と地域で「母なる地球（マザーアース）」と呼ばれる自然を護り、それと調和し、そのプロセスとサイクルを通じて適応・再生する生態系の生物学上かつ自然に備わる能力への尊重を含むが、これらの人びとによるこの努力こそ支援されるべきであることを確信し、
世界のいたるところで、小農と農村で働く人びとの多くが、職場で基本的人権を享受する機会を否定され、生活賃金および社会的保護に十分ではない、有害で搾取的な（労働）条件をたびたび与えられていることを考慮し、
土地や自然資源の問題に取り組む人びとの人権を促進し擁護する個人、集団、機関が、様々な形態の脅しや身体的不可侵性への侵害を受けるリスクが高いことを懸念し、
小農と農村で働く人びとが、暴力、虐待、搾取からの救済や保護を即座に求めることができないほど裁判所、警察官、検察官、弁護士へのアクセスが困難となっていることに注目し、
人権の享受を損なう、食料に対する投機、フードシステムにおける寡占の進行とバランスを欠いた分配の増加、ヴァリューチェーン内の不平等な力関係を懸念し、
すべての個人とすべての人びと（人民）にとって、発展（開

発）の権利が、不可譲の人権の一部を成すこと、そしてこれらの人びとが、人権上のすべての権利と基本的自由が完全に具現化される経済的、社会的、文化的、政治的な発展（のプロセス）に参加・貢献し、それを享受する権利を有することを、今一度確認し、

これらの人びとが、人権に関する二つの国際規約における関連条項の対象者であり、自然の恵みとそれがもたらす資源のすべてについて、十分かつ完全なる主権を行使する権利を有していることを想起し、

食の主権の概念が、多くの国と地域で、人びとが自らの食と農のシステムを決定する権利として、さらには、人権を尊重し、環境に配慮し持続可能な方法で生産される健康かつ文化面において適切な食への権利として、定義され活用されていることを認識し、

個々人が、他者のため、また自身が帰属するコミュニティのために責任を担い、本宣言と国内法に明記された権利の促進と順守の努力義務を果たすことを理解し、

文化的多様性を尊重し、寛容、対話および協力を促進することとの重要性を再確認し、

労働者の保護と適切な労働に関する国際労働機関の規約と勧告の広範なる体系の存在を想起し、

また、生物の多様性に関する条約、名古屋議定書（生物の多様性に関する条約の遺伝資源の取得の機会およびその利用から生ずる利益の公正かつ衡平な配分に関する名古屋議定書）を想起し、

食への権利、土地に対する権利、自然資源へのアクセス、その他の小農の権利に関する国連食糧農業機構（ＦＡＯ）および世界食料安全保障委員会（ＣＦＳ）による広範なる取り組み、特に食料および農業のための植物遺伝資源に関する国際条約、ならびに、ナショナルな食料保障の文脈における土地、森林、漁場の権利のための責任あるガバナンスに関する任意ガイドライン、食料保障と貧困撲滅の文脈における持続可能な小規模漁業を保障するための任意ガイドライン、ナショナルな食料保障の文脈における適切な食への権利の漸進的な実現を支援するための任意ガイドラインを想起し、

農地改革と農村開発に関する世界会議、またそれによって採択された小農憲章の結果を踏まえ、農地改革と農村開発のための適切な国家戦略の策定の必要性とその国家開発戦略全体への統合が強調されたことを想起し、

本宣言および関連する国際条約は、人権擁護を強化する視点を備えた、相互に支え合うものであるべきことをいま一度確認し、

国際協調と連帯における不断の努力の向上を通じて、人権のための取り組みの着実な進展を実現するという視点を備えた国際社会が、この新たな歩みへの尽力を決意したことを受け、小農と農村で働く人びとの人権をより一層擁護し、この問題に関する既存の国際人権規範ならびに基準の一貫した解釈と適用を行う必要性を確信し、

以下を宣言する。

第一条（小農と農村で働く人びとの定義）

1．本宣言において、小農とは、自給のためもしくは販売のため、またはその両方のため、一人もしくはその他の人びとと共同で、またはコミュニティとして、小さい規模の農的生産を行なっているか、行うことを目指している人、そして、例外もあるとはいえ、家族および世帯内の労働力ならびに貨幣を介さないその他の労働力に大幅に依拠し、土地（大地）に対して特別な依存状態や結びつきを持つ人を指す。

2．本宣言は、伝統的または小規模な農業、栽培、畜産、牧畜、漁業、林業、狩猟、採取、または農業と関わる工芸品づくり、農村地域におけるその他の関連する職業につくあらゆる人に適用される。さらに、小農の扶養家族にも適用される。

3．本宣言は、土地に依拠しながら生きる先住民族およびコミュニティ、移動放牧、遊牧および半遊牧的なコミュニティ、さらに、土地は持たないが上述の営みに従事する人びとにも適用される。

4．さらに本宣言は、移住に関する法的地位の如何にかかわらず、すべての移住労働者および季節労働者を含む、プランテーション、農場、森林、養殖産業の養殖場や農業関連企業で働く、被雇用労働者にも適用される。

第二条（加盟国の義務）

1．加盟国は、小農と農村で働く人びとの権利を尊重、擁護、実現する。本宣言の権利の完全なる具現化を直ちに保障できなくとも、漸進的な達成を実現するため、締約国は、法的、行政上、その他の適切な措置を迅速にとる。

2．本宣言の実施に関し、（加盟国は）様々な形態の差別に対処する必要性を考慮に入れ、高齢者や女性、若者、子ども、障害者を含めた小農と農村で働く人びとの権利および特別なニーズに特別な注意を払う。

3．加盟国は、先住民族に関する特別な法律を無視することがないよう留意しつつ、小農と農村で働く人びとの権利に影響を及ぼす可能性がある法律、政策、国際条約、その他の意思決定プロセスの適用と実施の前に、小農と農村で働く人びとを代表する機関を通じて、誠実に、彼らと協議・協力し、意思決定がなされる前に、それに影響を受ける可能性のある小農と農村で働く人びとの関与を実現し、彼らの賛同を求め、彼らの貢献に応え、異なる関係者間に存在する非対称な力関係を考慮しつつ、意思決定のプロセスにおいて、個人および集団にとって、主体的かつ自由な、実効性を有し意味のある、十分な情報の提供を伴った参加を保障する。

4．加盟国は、小農と農村で働く人びとに適用されるべき人権法と矛盾がない（一貫性のある）手法で、貿易、投資、金融、税制、環境保護、開発協力、安全保障分野を含む関連する国際条約および基準を策定、解釈、適用する。

5．加盟国は、民間の個人および組織ならびに多国籍企業やその他の営利企業体などの非国家主体に対し、規制をする立場から、小農と農村で働く人びとの人権を尊重し強化することを保障するため、すべての必要な措置をとる。

6. 加盟国は、本宣言の目的および目標を実現するための各国の努力に対し、これを支援する国際協力の重要性を認識しつつ、この点に関し、それが望ましい場合、関連する国際機関、地域機関、市民社会、とりわけ、小農と農村で働く人びとの組織と協力して、二国間および多国間で適切かつ効果的な措置をとる。それらの措置には、以下のものが含まれる。

(a) 小農と農村で働く人びとが参加でき、これらの人びとにとって利用可能で適切な国際開発プログラムを含む、国際協力を確かなものにすること。

(b) 情報、経験交流、研修プログラム、ベストプラクティス（最善と考えられる実践例）についての交換や共有を含む能力向上の促進と支援

(c) 調査研究および、科学・技術知識へのアクセスにおける協力の促進

(d) それが適当とされる場合における、相互に合意した条件下での、技術・経済支援の提供。これらは、利用可能な技術へのアクセスと共有の促進、技術移転を通じて、特に途上国に対して行われる。

(e) 極端な食料価格の高騰と投機的な誘惑を抑制するため、世界規模での市場の機能改善、および、食料備蓄を含む市場情報への時宜にかなったアクセスの促進

第三条（不平等および差別の禁止）

1. 小農と農村で働く人びとは、国連憲章、世界人権宣言、ならびにその他のあらゆる国際人権条約で定められた、すべての人権と基本的自由を余すことなく享受する権利を保持し、その権利の行使は、出自、国籍、人種、肌の色、血統（家柄）、性別、言語、文化、婚姻歴、財産、障害、年齢、政治または他の事柄に関する言論、宗教、出生、経済、社会、その他に関する地位／身分等に基づく、いかなる差別も受けない。

2. 小農と農村で働く人びとは、発展（開発）の権利を行使する上で、優先事項および戦略を決定、構築する権利を有する。

3. 加盟国は、小農と農村で働く人びとに対する、複合的で様々な形態のものを含む、差別を引き起こす、あるいは永続させる諸条件を除去するため、適切な措置をとる。

第四条（小農女性と農村で働く女性の権利）

1. 加盟国は、男女平等に基づき、小農女性と農村で働く女性が、あらゆる人権と基本的自由を十分かつ平等に享受し、農村の経済、社会、政治、文化的発展を自由に追求でき、それへの参加が可能で、そこから利益を得られることを保障すべく、これらの女性に対するあらゆる形態の差別を撤廃し、エンパワーメントの促進に資するすべ

ての適切な措置をとる。

2. 加盟国は、小農女性と農村で働く女性が差別を受けることなく、本宣言ならびに、その他の国際人権条約に定められたすべての人権ならびに基本的自由を享受できるよう保障する。それには、以下の権利が含まれる。

(a) あらゆるレベルの開発計画の策定と実施において、平等に、かつ実効性を伴った参加ができる権利

(b) 適切な保健医療施設、家族計画についての情報、カウンセリング、サービスを含む、心身のために、到達可能な最高水準の医療に平等にアクセスする権利

(c) 社会保障制度から直接利益を得る権利

(d) 機能的識字力に関する研修、教育を含む、公式、非公式を問わず、あらゆる種類の研修、教育を受ける権利、技術的な面での習熟度を引き上げるためのコミュニティ内に存在する、また農業普及に関するすべてのサービスから利益を得る権利

(e) 雇用と自営活動を通じて経済機会への平等なアクセスを得るため、自助組織、アソシエーションおよび協同組合を組織する権利

(f) あらゆるコミュニティ活動に参加する権利

(g) 金融サービス、農業融資やローン、販売施設、適切な技術に平等にアクセスする権利

(h) 土地と自然資源への平等なアクセス、利用、管理を行う権利、土地と農地改革、土地再定住計画において、平等または優先的に扱われる権利

(i) 働きがいのある人間らしい（ディーセントな）雇用、そして平等な報酬と社会保障給付に対する権利、収入創出のための活動に参加する権利

(j) あらゆる形態の暴力を受けない権利

第五条　（自然資源に対する権利と発展〔開発〕の権利）

1. 小農と農村で働く人びとは、本宣言第28条に則り、適切な生活条件を享受するために必要とする、自らの居住地域に存在する自然資源にアクセスし、それらを持続可能な方法で利用する権利を有する。また、小農と農村で働く人びとは、これらの自然資源の管理に参加する権利を有する。

2. 加盟国は、小農と農村で働く人びとが伝統的に保有あるいは利用する自然資源に影響を及ぼすあらゆる資源の開発（計画）の認可について、確実に以下の事項——ただしこれらの事項に限定されるものではない——に基づいた措置をとる。

(a) 適切に実施された社会環境影響評価

(b) 本宣言第二条第3項に準拠した誠実な協議

(c) 資源開発者ならびに小農と農村で働く人びとの両者が合意する条件に基づいて行われる開発がもたらす利益を、公平かつ平等に分け合うための手順（モダリティ）

第六条　（生命、自由、安全に対する権利）

1．小農と農村で働く人びとは、（法の下における）人として、生命に対する権利（生存権）、肉体および精神の不可侵性への（尊重に対する）権利、自由と安全に対する権利を有する。

2．小農と農村で働く人びとは、恣意的な逮捕、拘束、拷問、その他の残酷かつ、非人間的または屈辱的な扱いや処罰にさらされてはならず、奴隷または隷属状態におかれてはならない。

第七条（移動の権利）

1．小農と農村で働く人びとは、いかなる場所においても、法の下における人として認められる権利（人格権）を有する。

2．加盟国は、小農と農村で働く人びとの、移動の自由を促進する適切な措置をとる。

3．加盟国は、本宣言第28条に基づき、それが必要とされる場合には、国境上の農村で働く小農と人びとに影響を及ぼす国境を超えた土地所有・利用権の課題について、協力して適切な措置をとる。

第八条（思想、言論、表現の自由）

1．小農と農村で働く人びとは、思想、信条、良心、宗教、言論、表現、および平和的集会の自由の権利を有する。これらの人びとは、口頭、記述、印刷物、芸術、または自らが選ぶあらゆる媒体を通して、自治体、地域、全国、国際レベルで意見を表明する権利を有する。

2．小農と農村で働く人びとは、人権および基本的自由の侵害に対する平和的な活動に、他者との共同を通じ、あるいは一つのコミュニティとして、個人ならびに／あるいは集団として、参加する権利を有する。

3．本条に明記された権利の行使には、特別な義務と責任が伴う。したがって、それらは一定の規制の対象となり得るが、それは法が定めるところにより、かつ必要不可欠な場合に限られる。

（a）適切に実施された社会環境影響評価

（b）他者の人権また信用の尊重のため、国家安全保障、公的秩序、公衆衛生、あるいは、社会倫理を守るため

4．加盟国は、本宣言に記された権利を彼または彼女が正当に行使・擁護した結果として生じる、いかなる暴力、脅し、報復、法律上または事実上の差別、圧力、その他の専横的な行為から個人であろうと他者との集合体の形をとろうとも、すべての人が確実に保護されるため、管轄当局に必要な措置をとらせる。

第九条（結社の自由）

1．小農と農村で働く人びとは、自らの利益を守るために自ら選択した組織、労働組合、協同組合、その他の組織や結社をつくる権利および参加する権利、団体交渉の権利を有する。これらの組織は、独立し、自発性に根ざし、

あらゆる干渉、強制、あるいは抑圧からの自由を保持する。

2. この権利の行使にあたっては、いかなる制限も受けない。ただし民主主義社会下で、国家の安全保障や治安、公的秩序、公衆衛生の保全、社会倫理、あるいは他者の人権と自由の擁護に必要不可欠かつ法で規制される場合を除き、いかなる制限も受けない。

3. 加盟国は、労働組合や協同組合、またはその他の組織を含む、小農と農村で働く人びとの組織の創設を奨励するための適切な措置をとる。特に、人びとが正当なる（法に適った）活動を創造し、発展させ、追求する上での障壁を除去する。これには、これらの組織とそのメンバーに対する立法上あるいは行政上のすべての差別の撤廃が含まれる。また、契約交渉における条件と金額が公正で安定したものとなるよう、さらには、これらの人びとの尊厳や充足した生活に対する権利が侵されないことを保障するため、人びとの地位の向上を支援する。

第十条　（参加の権利）

1. 小農と農村で働く人びとは、自らの生命、土地、暮らしに影響を及ぼしうる政策、計画、および事業の準備と実施に対し、主体的かつ自由な、直接および／あるいは自らを代表する組織を通じた、参加の権利を有する。

2. 加盟国は、小農と農村で働く人びとの生命、土地、暮らしに影響を及ぼす可能性のある意思決定のプロセスへの、直接的および／あるいは彼らを代表する組織を通じた参加を促進する。これには、強力かつ独立した小農と農村で働く人びとの組織の設立ならびに、その発展への敬意、そして彼らに影響しうる食の安全、および労働と環境基準の策定と実施への参加の促進も含まれる。

第十一条　（生産、販売、流通に関わる情報に対する権利）

1. 小農と農村で働く人びとは、情報を求め、受け取り、それを進化させ、他に知らせる権利がある。これには、自らの生産物の生産、加工、販売、流通に影響を及ぼす恐れのある事柄に関する情報が含まれる。

2. 加盟国は、小農と農村で働く人びとの生命、土地、暮らしに影響を及ぼしうる事柄の意思決定（プロセス）において、これらの人びとの実効性を伴った参加の実現を保障するとともに、これらに関する透明かつ時宜にかなった、適切な情報へのアクセスを確実にするための適切な措置をとる。その際には、それぞれの文化にふさわしい言語、形態、手段を用い、人びとのエンパワーメントの促進を可能とする。

3. 加盟国は、小農と農村で働く人びとが、自治体、全国、国際レベルにおいて、自らの生産物の質を評価・認証する公平で公正かつ適切なシステムにアクセスできるよう促進するとともに、そのようなシステムの構築への参加を促すべく、適切な措置をとる。

第十二条　（司法へのアクセス）

1. 小農と農村で働く人びとは、実効性を伴った、差別なき司法へのアクセスの権利を有する。これには、紛争解決のための公正なる手続きへのアクセス、そして、これらの人びとの人権に関するあらゆる侵害に対する実効力を伴った救済措置へのアクセスの権利を含む。決定（判決など）にあたっては、小農と農村で働く人びととの慣習、伝統、規則、法制度を十分に考慮に入れ、国際人権法の下にある関連法に準拠する。

2. 加盟国は、公正かつ適格な司法および行政機関を介して、時宜にかない、無理なく支払え、実効性を伴った、当該関係者の言語の利用が可能な紛争解決手法への差別なきアクセスを整備する。さらに、控訴、返還、弁償、補償および賠償への権利を含む、実効力のある迅速な救済を提供する。

3. 小農と農村で働く人びとは、法的支援を受ける権利を有する。加盟国は、そのような支援がなければ行政および司法サービスを利用することができない小農と農村で働く人びとのために、法的支援を含む追加措置を考慮する。

4. 加盟国は、本宣言に明記された権利を含む、すべての人権の促進と擁護のため、関連する国の機関／制度の強化措置を考慮する。

5. 加盟国は、小農と農村で働く人びとが、人権を侵害され、専横的に土地と自然資源を奪われ、生計の手段と不可侵性を剥奪され、あらゆる形態の強制的な立退きや定住を強要されることを意図する、もしくはそれらの結果を導くすべての行為の防止とそれからの救済を実現するため、小農と農村で働く人びとに実効力を伴った手段を提供する。

第十三条　（働く権利）

1. 小農と農村で働く人びとは、自らの生計をたてる方法を自由に選択する権利を含む、働く権利を有する。

2. 小農と農村で働く人びとの子どもは、危険を伴いかねない、子どもの教育を妨げる、あるいは、子どもの健康や身体的、精神的、心理的、道徳的、または社会的発達にとって有害な、いかなる労働からも保護される権利を有する。

3. 加盟国は、小農と農村で働く人びととその家族に対して、適切な生活水準を実現する報酬が得られる、働く機会が可能となる環境を整備する。

4. 農村で高い水準の貧困に直面する国において、他の部門で雇用機会がない場合、加盟国は、適切な雇用の創出に寄与できるよう、十分に労働集約的で持続可能なフードシステムを構築・促進するため、適切な措置をとる。

5. 加盟国は、小農による農業と小規模な漁業の特別な性質を考慮した上で、労働法の順守をモニターするため、必要に応じて、適切な資源を配置することによって、農村地域における労働監督官の実効力のある活動を保障する。

6. いかなる人も、強制、奴隷、義務的労働を求められてはならず、人身取引の被害に遭うリスク、またその他いかなる形態の現代的奴隷の対象にされてはいけない。加盟国は、小農と農村で働く人びと、これらの人びとを代表する組織と協議、協力し、経済的搾取、児童労働、債務による女性、男性、子どもの束縛といった、あらゆる形態の現代的奴隷制から、漁撈者と漁業労働者、林業労働者、季節・移住労働者を含む、小農と農村で働く人びとを守るための適切な措置をとる。

第十四条（職場での安全と健康に対する権利）

1. 小農と農村で働く人びとは、一時労働、季節労働、移住労働の如何にかかわらず、安全で衛生的な環境で働く権利、安全衛生の措置の適用と評価に参加する権利、安全衛生責任者を選ぶ権利および安全衛生委員会の委員を選ぶ権利、十分かつ適切な防護服と機材および職場における安全衛生に関する適切な情報と研修へのアクセスの権利、暴力とセクシュアル・ハラスメントを含む嫌がらせを受けない権利、危険で不健全な労働状況を報告する権利、安全衛生に関する差し迫った深刻なリスクがあると合理的に判断できる際に、労働から生じる危険を回避する権利を有する。これらの権利の行使によって、労働に関連したいかなる報復の対象にもなってはならない。

2. 小農と農村で働く人びとは、農薬や化学肥料（農業用化学物質）あるいは農業や産業由来の汚染物質を含む危険物および有害化学物質を使用しない権利、これらにさらされない権利を有する。

3. 加盟国は、小農と農村で働く人びとに、効果的で安全かつ健全な労働条件を保障するため、適切な措置をとる。特に、適切で適格な管轄機関を設置し、政策の実行と、農業、農工業、漁業における職業上の安全と健康に関する国内法と条例の施行のため、各省庁を横断的にとりまとめる方策を構築し、是正措置と適切な罰則を規定し、農村における労働現場の十分かつ適切な検査システムの構築と支援する。

4. 加盟国は、以下を保障するため、あらゆる必要措置をとる。

（a）技術、化学物質、および農業行為からもたらされる健康と安全に対するリスクを防止すること。このための方策には、これらの禁止および規制が含まれる。

（b）農業で使用する化学物質の輸入、分類、梱包、流通、ラベリング、使用に関する特定の基準、およびそれらの禁止あるいは規制に関する一定の基準を管轄機関が定めることを通じて、適切な国の制度またはその他の制度を承認すること。

（c）農業で使用する化学物質の製造、輸入、調達、販売、移動、貯蔵、廃棄に関わる者は、国またはその他（の機関）による安全衛生基準に従い、公用語または国内の諸言語などの相応しい言語を用いて、十分かつ適切な情報を使用者に提供すること。また、要請に応じて、管轄機関に対しても情報を提供すること。

（d）化学廃棄物、古くなった化学物質、化学物質の容器の安全な回収、再利用、廃棄に関する適切な制度を構築し、これらの目的外使用を阻み、安全衛生および環境へのリスクの解消と最小化を図ること。

（e）農村で一般的に使用される化学物質がもたらす健康ならびに環境上の影響に関して、また、化学物質の利用に代わるその他の方法に関して、教育と公衆啓発プログラムを開発し実施すること。

第十五条（食への権利と食の主権）

1. 小農と農村で働く人びとは、適切な食への権利と、飢えからの自由という基本的な権利を有する。この権利には、肉体、精神、知性の面で最高レベルの発展の実現を保障する、食を生産する権利、および、適切な栄養を摂取する権利が含まれる。

2. 加盟国は、文化の尊重を土台とし、将来世代の食へのアクセスを保全する持続可能かつ公正なる手法で生産・消費され、個人および／あるいは集合体としてのニーズに応え、物理的にも精神的にも充実した尊厳ある暮らしを保障する、十分かつ適切な食に、小農と農村で働く人びとが物理的にも経済的にも常にアクセスできるように保障する。

3. 加盟国は、農村の子どもたちの栄養不良とたたかうため、適切な措置をとる。これには、とりわけ、プライマリー・ヘルスケアの枠組みを通じたもの、すぐに利用できる技術の適用、十分に栄養のある食べ物の提供、また、女性が、妊娠および授乳期間に適切な栄養を確保できるようにすることが含まれる。さらに、親や子どもをはじめ、社会のすべての構成員が、十分な情報を提供され、栄養教育を受けることができ、子どもの栄養と母乳育児の利点に関する基本的知識の利用に関して支援を受けることを保障する。

4. 小農と農村で働く人びとは、自らの食と農のシステムを決定する権利を有する。この権利は、多くの国と地域で、食の主権として認められている。この権利には、食や農業に関する政策の意思決定プロセスへの参加の権利、さらに、文化の尊重を土台とし、環境に配慮しつつ持続可能な方法によって生産された、健康によい適切な食への権利が含まれる。

5. 加盟国は、小農と農村で働く人びとと連携し、自治体、全国、地域、国際レベルにおいて、適切な食への権利、食料保障、食の主権、そして本宣言に含まれる権利を促進し擁護する持続可能で公正なる食のシステムを促進し保護するための公共政策を構築する。加盟国は、自国の農業、経済、社会、文化、開発に関わる政策が、本宣言に含まれる権利の実現に合致したものになるよう仕組みを構築する。

第十六条（十分な所得と人間らしい暮らし、生産手段に対する権利）

1. 小農と農村で働く人びとは、自身とその家族が適切な水準の生活を送る権利、その実現に必要な生産手段への容易なアクセスの権利を有する。なお、この生産手段には、生産のための機材、技術的支援、融資、保険やその他の金融サービスが含まれる。また、これらの人びとは、自由に、個々人および／あるいは集合体としても、集団あるいはコミュニティとしても、伝統的な手法で農業、漁業、畜産、林業に携わる権利を有し、地域社会を基盤とした商いのシステムを発展させる権利を有する。

2. 加盟国は、小農と農村で働く人びとが、自治体、全国、地域の市場において、十分な所得と人間らしい暮らしが保障される価格で生産物を販売するために必要な輸送、加工、乾燥の手段や貯蔵施設に優先的にアクセスできるよう適当な措置をとる。

3. 加盟国は、自国の農村開発、農業、環境、貿易、投資に関する政策とプログラムが、（小農と農村で働く人びとの）地域社会で暮らしをたてる選択肢を守り、これを強化すること、そして持続可能な農的生産の様式への移行に対し、実効性を伴った貢献を行うため、あらゆる適切な措置をとる。加盟国は、可能な場合は常に、アグロエコロジーと有機栽培を含む、持続可能な生産を活性化し、農家から消費者への産直販売を推進する。

4. 加盟国は、自然災害や市場の失敗などの重大な混乱に対する小農と農村で働く人びとのレジリエンス（耐性・回復力）を強化するため、適切な措置をとる。

5. 加盟国は、同一価値の労働に対して、いかなる区別をすることなく、公正な賃金と平等な報酬を保障するため、適切な措置をとる。

第十七条　（土地ならびにその他の自然資源に対する権利）

1. 小農と農村に住む人びとは、本宣言第28条に則り、個人として、かつ／あるいは、集合的に、土地に対する権利を有する。この権利には、適切な生活水準を実現し、安全かつ平和に、尊厳のある暮らしを営む場を確保し、自らの文化を育むための土地へのアクセス、土地と水域、沿岸海域、漁場、牧草地、森林の持続可能な利用と管理に対する権利が含まれる。

2. 加盟国は、婚姻関係の変更、法的能力の欠如、経済的資源へのアクセスの欠如がもたらすものを含む、土地に対する権利に関連するあらゆる形態の差別を撤廃し禁止するため、適切な措置をとる。

3. 加盟国は、土地の所有・利用権を法的に認知するため、現在法律で保護されていない慣習的土地所有・利用権を含む、異なる様式や制度が存在することを認め、適切な措置をとる。加盟国は、正当なる土地所有・利用権を擁護するとともに、小農と農村で働く人びとが専横的または不正に強制退去させられること、そして権利が抹消・侵害されることがないよう、これらを保障する。加盟国は、自然の共有地および、それと結びついた共同利用や管理の制度を認め、これらを保護する。

4. 小農と農村で働く人びとは、土地や常居所からの専横的および不正な立ち退きに対して保護される権利、または、日々の活動に利用し、適切な生活水準を享受するために必要な自然資源を専横的および不正に剥奪されない権利を有する。加盟国は、国際人権・人道法に従って、立ち退きからの保護を、国内法に盛り込まなければならない。加盟国は専横的および不正な強制退去、農地の破壊、土地とその他の自然資源の没収と収用について、罰則措置や戦争の手段によるものも含め、禁止しなければならない。

5. 専横的または不正に土地を奪われた小農と農村で働く人びとは、個人および／あるいは集合体としても、集団あるいはコミュニティとしても、自然災害および／あるいは武力紛争による場合を含め、専横的または不正に奪われた土地に帰還する権利を有する。さらに、可能な場合は常に、自らの活動で用い、適切な生活水準の享受に必要な自然資源へのアクセスを回復する権利を有し、帰還が不可能な場合には、公正、公平かつ正当なる補償を受ける権利を有する。

6. 加盟国は、それが望ましい場合には、小農と農村で働く人びとが適切な生活条件を享受することを保障すべく、必要な土地とその他の自然資源への広範かつ公平なアクセスを促進するため、また、土地が有する社会的機能を踏まえ、土地の過剰な集積と支配を制限し、農地改革を実施すべく適切な措置をとる。公有地、漁場、森林の配分の際には、土地なし小農、若者、小規模漁撈者、他の農村労働者を優先しなければならない。

7. 加盟国は、（これらの人びとが）生産に用いる土地およびその他の自然資源について、その保全と持続可能な利用を目指した措置をとる。これには、アグロエコロジーを通じた措置が含まれ、加盟国は、生物やその他の自然が内包する能力やサイクルの回復のための条件を保障する。

第十八条　（安全かつ汚染されていない健康に良い環境に対する権利）

1. 小農と農村で働く人びとは、環境および各々の土地の生産力、ならびに、自ら利用し管理する資源を保全し保護する権利を有する。

2. 加盟国は、小農と農村で働く人びとが、差別のない、安全で清潔かつ健やかな環境を享受することを保障するため、適切な措置をとる。

3. 加盟国は、気候変動とたたかうための各国際条約を順守する。小農と農村で働く人びとは、各国および自治体における気候変動の適応・緩和政策の策定と実施（プロセス）に、伝統的な実践や知識／知恵を用いることなどを含めた手法を通じて、加わる権利を有する。

4. 加盟国は、小農と農村で働く人びとの土地に、有害物、有害物質あるいは廃棄物が、貯蔵または廃棄されることがないように、実効性のある措置をとる。また、国境を越える環境破壊の結果として生じる、これらの人びとの権利への脅威に対し、加盟国は協力して対処する。

5. 加盟国は、非国家主体による、小農と農村で働く人びとへの横暴から、これらの人びとを保護する。小農と農村で働く人びととの権利の擁護にあたっては、これに直接的あるいは間接的に寄与する環境法の執行が含まれる。

第十九条（種子［たね］への権利）

1. 小農と農村で働く人びとは、本宣言第二十八条に従って、種子への権利を有する。その中には以下が含まれる。

（a）食や農のための植物遺伝資源に関わる伝統的な知識／知恵を保護する権利

（b）食や農のための植物遺伝資源の利用から生じる、利益の分配に公平に参加する権利

（c）食や農のための植物遺伝資源の保護と持続可能な利用に関わる事柄について、意思決定に参加する権利

（d）自家農場採種の種苗を保存、利用、交換、販売する権利

2. 小農と農村で働く人びとは、自らの種子と伝統的な知識／知恵を維持、管理、保護し、発展させる権利を有する。

3. 加盟国は、小農と農村で働く人びとの種子の権利を尊重、保護、具現化するための措置をとる。

4. 加盟国は、小農が、播種を行う上で最も適切な時期に、十分な質と量の種子を、手頃な価格で利用できるようにする。

5. 加盟国は、小農が自らの種子、または、地元で入手できる自らが選択した種子に依存する権利に加え、小農が栽培を望む作物と品種を決定する権利を認める。

6. 加盟国は、（多様な）小農（による）種子システムを支持し、小農種子の利用、ならびに、農における生物多様性を促進するため、適切な措置をとる。

7. 加盟国は、農業研究や開発が、小農と農村で働く人びとのニーズを統合したものになること、さらに、これらの経験を踏まえ、これらの人びとが研究や開発の優先事項の決定および着手に主体的に参加することを保障するため、適切な措置をとる。加えて、加盟国は、小農と農村で働く人びとのニーズに応えるため、孤児作物やその種子の研究開発への投資増を確実なものとするため、適切な措置をとる。

8. 加盟国は、種子政策、植物品種保護、その他の知的財産法、認証制度、種子販売法を、小農と農村で働く人びとの権利、ニーズ、現実を尊重し、それらを踏まえたものにする。

第二十条（生物多様性に対する権利）

1. 加盟国は、関連する国際法に従い、小農と農村で働く人びとの権利の完全なる享受の促進と擁護のため、生物多様性の消滅を防ぎ、その保全および持続可能な利用を保障すべく、適切な措置をとる。

2. 加盟国は、生物多様性の保全とその持続可能な利用に関係する、伝統的な農耕、牧畜、林業、漁業、畜産、アグ

ロエコロジーのシステムを含む、小農と農村で働く人びとの伝統的な知識／知恵、イノベーション、実践を振興し保護すべく、適切な措置をとる。

3. 加盟国は、あらゆる遺伝子組み換え生物の開発、取引取扱い、輸送、利用、移転、流出がもたらす、小農と農村で働く人びととの権利に対する侵害のリスクを防止する。

第二十一条（水と衛生に対する権利）

1. 小農と農村で働く人びとは、生命の権利とすべての人権、および、（法の下における）人としての尊厳の完全な享受のために不可欠な安全で清潔な飲み水と衛生に対する権利を有する。これには、良質かつ手頃な価格で、物理的にアクセス可能で、差別のない、文化的およびジェンダー上の要件からも許容できる水供給制度と処理設備に対する権利が含まれる。

2. 小農と農村で働く人びとは、個人および家庭の利用、農耕、漁業、畜産のための水への権利を有するとともに、その他の水に関わる暮らしを護り、水の保全、復元、持続可能な利用を保障する権利を有する。小農と農村で働く人びとは、水と水管理制度に公平にアクセスする権利を有し、水供給を恣意的に絶たれ、汚染されない権利を有する。

3. 加盟国は、差別なき水へのアクセスを尊重、保護、保障する。加えて、特に農村の女性と少女、そして遊牧民、プランテーション労働者、法的地位の如何を問わず、すべての移住者、非正規あるいは非公式の占拠地に暮らす人びとなどの不利な立場にある、あるいは周辺化された集団に対して、個人、家庭、生産のための利用を可能とする手頃な価格の水ならびに処理設備の改善を確保する措置をとる。これには、慣習上またコミュニティに根ざした水管理制度も含まれる。加盟国は、灌漑技術、処理済み廃水の再利用技術、集水および貯水技術を含む、適切で入手可能な技術を促進する。

4. 加盟国は、山、森林、湿地帯、河川、帯水層、湖を含む水関連の生態系を、過度の水利用や、工場排水や無機化合物および化学物質の集積などの漸進的あるいは急速な汚染をもたらす有害物質による水質汚染から守り、回復させる。

5. 加盟国は、小農と農村で働く人びとの水に対する権利の享受を、第三者が侵害することを防止しなければならない。加盟国は、水の保全、再生、持続可能な利用を促進しつつ、人びとのニーズのための水を、その他の目的の利用よりも優先する。

第二十二条（社会保障に対する権利）

1. 小農と農村で働く人びとは、社会保険を含む、社会保障に対する権利を有する。

2. 加盟国は、各国の状況に沿って、農村におけるすべての移住労働者の社会保障に対する権利の享受を促進する、適切な対策を講ずる。

3. 加盟国は、社会保険を含め、小農と農村で働く人びとの社会保障の権利を認め、国内の状況に従って、基本的社会保障制度の実現からなる社会的保護の土台を構築し維持する。この基本的社会保障制度は、それを必要とするすべての人びとが、基本的な保健医療ならびに基本的な所得保障へのアクセスを最低限、生涯にわたって保証するものであり、これらが一体となって、各国が必要と定める物品とサービスへの実効性を伴ったアクセスが可能となる。

4. 基本的社会保障制度の実現は、法律で定めなければならない。また、公平で透明かつ実効性を伴い、金銭的に利用可能な苦情処理および不服申し立て手続きも定められなければならない。これらの制度は、国内の法的枠組みに合致しなければならない。

第二十三条　(健康に対する権利)

1. 小農と農村で働く人びとは、達成可能な最高水準の肉体および精神面での健康を享受する権利を有する。また、一切の差別を受けることなく、すべての社会福祉ならびに保健医療サービスへのアクセスの権利を有する。

2. 小農と農村で働く人びとは、治療に必要とする植物、動物、鉱物へのアクセスと保全を含む、伝統的な医療を利用し保護する権利、ならびに、健康に関わる実践を維持する権利を有する。

3. 加盟国は、非差別の基本に立ち、特に、不安定な状況にある人びとに対して、農村における保健施設・物品・サービスへのアクセス、ならびに、必須医薬品、主な感染症の予防接種、リプロダクティブヘルス(性と生殖に関する健康)、コミュニティに影響を及ぼす重大な健康と保健衛生上の問題に関する予防・管理対策を含む情報、母子ヘルスケア、および健康の権利と人権に関する教育を含む保健師研修へのアクセスを、保障する。

第二十四条　(適切な住居に対する権利)

1. 小農と農村で働く人びとは、適切な住居に対する権利を有する。これらの人びとは、平和にかつ尊厳のある暮らしを営むための住居とコミュニティを維持する権利を有し、この点について差別を受けない権利を有する。

2. 小農と農村で働く人びとは、住居からの強制退去、ハラスメント、その他の脅威から保護される権利を有する。

3. 加盟国は、小農と農村で働く人びとの意に反して、専横的あるいは不正なる手法によって、一時的にも恒久的にも、適切な法的またはその他の保護措置への身近なアクセスを提供または実現せずに、人びとが利用・占有する住居および土地から引き離してはならない。退去が避けられない場合は、加盟国はすべての物品およびその他の損失に対して、公平かつ公正な補償を提供または保証する。

第二十五条　(教育と研修の権利)

1. 小農と農村で働く人びとは、自らが基盤とする特定のアグロエコロジカルな環境と、社会文化的かつ経済環境に叶った適切な研修に対する権利を有する。当該研修プログラムでは、生産性の向上、マーケティング、虫や病気、（市場などの）システム破綻、化学物質の影響、気候変動および気象によってもたらされる現象に善処する能力を含む、他方これらに限定しない、課題を取り上げる。

2. 小農と農村で働く人びとのすべての子どもは、各々の文化を踏まえ、かつ人権に関わる諸条約に明記されたすべての権利に則り、教育の権利を有する。

3. 加盟国は、小農と農村で働く人びとが直面する火急の課題に対してより適切に対応するため、平等かつ参加型の農民と科学者間のパートナーシップを促進する。例えば、農民フィールド学校（ＦＦＳ）、参加型の植物育種、植物および動物病院などである。

4. 加盟国は、農場レベルでの研修、市場情報、助言サービスを提供すべく、これに投資する。

第二十六条　（文化的権利と伝統的知識（知恵）に対する権利）

1. 小農と農村で働く人びとは、干渉やいかなる形態の差別も受けず、自身の文化を享有し、自由に文化の発展を追求する権利を有する。加えて、これらの人びとは、生き方、生産の手段や技術、慣習や伝統など、自らの伝統的な知識（知恵）と地域社会で育まれた知識を維持、表現、運用、保護、発展させる権利を有する。何人も、文化に対する権利の行使により、国際法で保障された人権を侵害してはならず、人権の範囲を制限してはならない。

2. 小農と農村で働く人びとは、個人および／あるいは集合体としても、集団あるいはコミュニティとしても、国際的な人権基準に従って、地元の慣習、言語、文化、宗教、文学、芸術を表現する権利を有する。

3. 加盟国は、小農と農村で働く人びとの伝統的な知識（知恵）に対する権利を尊重し、この権利を認め保護するための措置をとり、小農と農村で働く人びとの伝統的な知識、実践、技術に対する差別を撤廃する。

第二十七条　（国際連合とその他の国際機関の責務）

1. 国連の専門機関・基金・計画、国際および地域金融機関を含むその他の政府間組織は、本宣言の完全な履行に寄与する。これには、特に、開発援助および協力を通じたものが含まれる。小農と農村で働く人びとに影響を及ぼす問題について、これらの人びとの参加を保障する手段ならびに財源について配慮する。

2. 国際連合、国連専門機関・基金・計画、国際および地域金融機関を含むその他の政府間組織は、本宣言への敬意とその完全なる適用を促進し、その効果を確認し続ける。

第二十八条　（追加）

1. 本宣言に記されるいずれの条文も、小農と農村で働く人びとと先住民族が現在保持し、あるいは、将来獲得する可能性のある諸権利を弱め、侵害し、無効化するものと解釈してはならない。

2. 本宣言が明言する権利の行使にあたっては、いかなる種類の差別なく、すべての人権と基本的自由が尊重される。本宣言に示された権利の行使の制限は、法に定められ、かつ、国際人権法に準拠したものに限られる。これらのいかなる制限も、非差別的なものであり、他者の人権と自由への正当なる認識と尊重を保障する目的、ならびに、民主主義社会において公正かつ最も切実な要求を満たすために必要とされる場合に限る。

＊＊＊＊＊＊＊＊＊

監訳：舩田クラーセンさやか　訳者：根岸朋子

本翻訳は、国際ＮＧＯ・ＧＲＡＩＮ（地球環境基金平成30年度助成：西・中央アフリカにおける油ヤシ・プランテーション産業拡大に対応するためのコミュニティ能力強化と地域プラットフォームの形成）の協力を得て作成された。

公開日：２０１９年2月18日

注：本全訳は、ウェブサイト（https://www.farmlandgrab.org/28718）に公開されている翻訳を訳者の許可をえて転載した。そのため、本書で用いている以下の用語が、全訳では異なる表記となっていることに注意されたい。

食料への権利→食への権利、食料主権→食の主権、食料農業システム→食と農のシステム、フードシステム→食のシステム、農業生産→農的生産

コラム

農民連は小農の権利宣言にどのようにかかわってきたか

農民運動全国連合会 国際部副部長　岡崎衆史

「小農の権利を守る国際法制が新たに必要」。そう最初に訴えたのは、ビア・カンペシーナ加盟組織のインドネシア農民組合（ＳＰＩ）である。２０００年のことだ。以来、小農の権利宣言の作成を求める運動では、ＳＰＩとＳＰＩが属するビア・カンペシーナ東南・東アジア地域[注1]が重要な役割を果たしている。２００５年にビア・カンペシーナに加盟した農民連も、この地域の一員として力を尽くしてきた。

◆小農の告発が宣言づくりを後押し

小農の権利宣言は、小規模家族農民に対する攻撃をはね返す手だてである。これをより強力なものにしようと、知恵を絞り働きかけてきたのは、ほかでもない小農自身だ。そのために、ビア・カンペシーナは、国際会議やワークショップを何度も開いてきた。この場に日本の農民の声を届け、ともに宣言の実現を目指すのが、農民連の役割となった。会議の成果は、ジュネーブの国連人権理事会に持ち込まれ、権利宣言の内容を豊かにするのに貢献した。

私自身が参加した会議には、２０１７年３月にドイツ南部シュヴェービッシュハルで開かれた「世界小農の権利国際会議」、２０１８年３月にジャカルタで開かれた「小農の権利宣言戦略会議」がある。

アブラヤシのプランテーション、道路、空港などの建設のため、小農が土地や住居から強制的に追い出されている（インドネシア）、米価引き上げを求

ジャカルタで開かれた小農の権利宣言戦略会議で発言するヘンリー・サラギSPI議長（2018年3月27日）

めるデモ中に警察の放水銃で撃たれた農民が亡くなった（韓国）、農民組合の活動家の殺害が続いている（中南米）――。会議では、農民に対する露骨で直接的な暴力の告発が相次ぐ。

こうした声が、「既存の人権条約で十分。小農の権利を特別に保護する必要はない」という批判に対して、説得力ある反論となり、権利宣言づくりを後押しした。

◆日本の農民の声を届ける

現在の日本の事態は、こうした直接的な暴力とは異なっている。そこから、小農の権利宣言に関しても、家族農業の10年についても、「南の途上国の問題」と一蹴する人もいる。

しかし、自民党政治の下での農村の荒廃や、安倍政権による小農を守るための制度に対する攻撃は、小農が暮らす基盤の破壊や権利の侵害という点で共通している。農産物の輸入が自由化され、価格保障が縮小・撤廃され、所得補償も不十分であるため、農業で生計を立てるのは厳しい。１９９０年には３８４万戸あった農家数が２０１５年には２１６万戸に激減。農地も縮小し、食料自給率も38％まで下がった。２０１４年には、脱サラし就農した30代の青年農家が命を絶った。先行きへの不安を周囲に語っていたという。

この弱った農業にとどめを刺そうというのが安倍

農政である。戦後農地改革の結果誕生した自作農＝家族経営を守る制度を解体しようと、農地法や主要農作物種子法、わずかに残った価格保障・所得補償、農業協同組合を次々に攻撃。TPP11や日欧EPAなどの自由貿易協定を推し進め、ついにアメリカとのFTA交渉入りにも合意した。アグリビジネスにもうけの道を提供するためである。「世界が小農の権利宣言をつくろうという時に、日本の政府は、小農の権利を奪い、〝アグリビジネスの権利宣言〟を狙っている」。私たちはこう警鐘を鳴らしてきた。

ヨーロッパの農民も、欧州共通農業政策（CAP）が大規模農業と輸出を推進した結果、失業や生活の悪化、農村からの人口流出がもたらされたと危機感を表明した。(注2)

「世界小農の権利国際会議」の最終宣言は強調する。「北も南も、女性も男性も、高齢者も青年も、農村あるいは都市部の小農、移民、出稼ぎ労働者、先住民、漁民、遊牧民、養蜂家も、ともに連帯しなければならない」（2017年3月）。

「南」と「北」。それぞれの小農の権利の侵害の実態が共有され、小農の権利宣言づくりは、グローバルな運動に発展した。

◆日韓両国政府に働きかけ

国内で小農つぶしを進める日本政府は、ジュネーブの国連人権理事会の作業部会の審議の場でも、権利宣言に背を向けてきた。日本政府は、もともと成立そのものに後ろ向きだったが、成立が間近になるとその内容を弱め、無効化することにいっそう力を入れた。

2018年4月の第5回作業部会の場で、日本政府は、権利宣言に基づく国内の実施法の制定について、義務ではなく、やってもやらなくてもいい努力規定に差し替えるように提案した。すぐに、ビア・カンペシーナのアジア地域の代表が反論し、義務規定を残すように迫った。

農民連も日本政府に対して書簡を出すなど、小農の権利宣言を支持する方向に政策を転換するように求めてきた。

2018年9月現在、アジアの人権理事会理事国政府の中で権利宣言に後ろ向きなのは、日本と韓国政府だけだ。農民連は、ビア・カンペシーナの韓国の加盟組織と連携し、韓国政府に対しても政策を転換するよう訴えている。

◆反転大攻勢の好機

ＳＰＩのヘンリー・サラギ議長が、権利宣言作成のための初期の活動を振り返ったことがある。「時間がかかる」「困難」「不可能」。周囲に言われるたびに、「小農を守るために権利宣言は不可欠」「実現できるのは自分たち小農しかいない」と確信し、運動を強めてきたという。

それから18年。「不可能」と言われた権利宣言が現実となった。運動の軸足は今、その内容を人々に知らせ、農政の変革に生かすことに移っている。

自由貿易協定や世界貿易機関（ＷＴＯ）、それに基づく国内制度など、私たちは長年、農民の権利を侵害する内外の制度や勢力とたたかってきた。このための効果的な手だてに、小農の権利宣言が加わる。２０１９年には、たたかいに弾みをつける大きなチャンスが訪れる。日本で開催されるビア・カンペシーナ東南・東アジア地域会議だ。ホストとなる農民連は、大規模な国際フォーラムの開催を予定している。この会議には、権利宣言作成を主導した地域の代表が一堂に会する。２０１９年は家族農業の10年の元年でもある。小農の権利侵害に対して反転大攻勢に出る絶好の機会としていきたい。

（注1）ビア・カンペシーナの加盟組織は、世界に9つある地域のいずれかに属し、地域活動を国際活動の軸に据えている。農民連やＳＰＩが所属するのは、東南アジアと東アジアを合わせた東南・東アジア地域である。この地域には10カ国に、13の加盟組織が存在する。年に一度行われる地域会議では、過去1年の活動を振り返り、次の1年の行動計画を立てる。

（注2）小農の権利宣言を支持する署名を呼びかけるため、ヨーロッパのビア・カンペシーナ加盟組織（ビア・カンペシーナ・ヨーロピアン・コーディネーション）などが出した声明（２０１７年4月13日）。

おわりに――日本での「家族農業の10年」の展開

小規模・家族農業ネットワーク・ジャパン（ＳＦＦＮＪ）呼びかけ人

すでに始まっている創造的取り組みとその多様性

本書では、国連の家族農業の10年の誕生の経緯とその意義について解説してきた。さらに、アグロエコロジーや種子をめぐる新たな動向、小農の権利に関する国連宣言について取り上げ、これらの国際的動きが同時に起きていることが、決して偶然ではなく、一枚の布の経糸と緯糸であることを示すことができたと思う。

本書を手にした読者の中には、今日の日本の取り組みが、あまりにも国際社会のそれと断絶しており、絶望的な気持ちになってしまった方もいらっしゃるかもしれない。しかし、実は日本という国は、持続可能な発展に向けた草の根の創造的な取り組みや実践の宝庫であるということも、ここで強調したい。例えば、家族農業と車の両輪として政策的に奨励されているアグロエコロジーの実践の多くは、戦前から日本で取り組まれてきた自然農法や戦後まもない頃からの有機農業の実践と重なっている。(注1) 現在、日本で最も著名な農業者として、福岡正信氏や金子美登氏、川口由一氏の名前をあげる海外の農業関係者は少なくない。国内はもとより、世界各地から農業を志す若者たちが、自然農法や有機農業を学びに日本に集まっているのである。

また、自然農法や有機農業の実践と切り離せないのが、産消提携である。１９９０年代頃から、欧米や途上国でも、地域で支える農業（Community Supported Agriculture：CSA）や小農的農業を支えるための協会（Associations pour le maintien d' une agriculture paysanne：AMAP）として急速に普及したが、その原型が日本の産消提携であることは、意外に知られていない。むしろ、ＣＳＡとして逆輸入された取り組みが、若い世代では認知されているようだ。本当の意味での生産者と消費者の「顔の見える関係」では、第三者認証の有機認証は必要とされない。むしろ、お互いの信頼関係にもとづく参加型認証システム（Participatory Guarantee System：PGS）が重視されているが、これも日本発で世界に広まったシステムであり、持続可能な食と農の実践として注目されている。産消提携と並んで、近年は直売所や学校給食等の公的調達[注2]が、持続可能な食と農の実現において重要な役割を果たしていると認識されている。

さらに、日本では効率性や市場指向性を追求する近代的農業の画一化をまぬがれた、貴重な農業生産システムが多数残されている。国連食糧農業機関（ＦＡＯ）は、２００８年から世界農業遺産（Globally Important Agricultural Heritage Systems）の認定を開始し、地域固有の伝統的な知や農法に支えられた農的生物多様性や景観、地域の暮らしを保全するための取り組みを進めている。２０１８年10月現在、日本では11カ所が世界農業遺産の認定を受けており、その認定数は世界第2位を誇る[注3]。このように、日本の伝統的な農業生産システムは、国際的に高い評価を受けている。日本は、家族農業を中心とした持続可能な食と農の実践において、豊かな経験と財産を有しているといえよう。これからは、国内の経験と財産をさらに発展させるだけでなく、海外とその経験・財産を分かち合うことができるはずだ。

日本で何ができるか

それでは、家族農業の10年において、日本では誰がどのような役割を果たすことができるだろうか。第一に、農家はもとより、半農半Xや市民農園、家庭菜園で幅広い意味での「農」に関わる人たち、農業団体、農業協同組合、農業委員会・農業会議所等は、第一の当事者として、この10年に関わることになるだろう。10年後の日本において、どのような農政を実現するべきなのか、すべての農業関係者が知恵と忌憚のない意見を出し合い、政府に対して政策提言をする必要がある。

第二に、食と無縁の人は一人もいないという意味で、すべての消費者および市民は、どのように生産された食料・農産物を選ぶのかという日々の実践を通じて、この10年に関わることになる。生活協同組合や産消提携団体、食や環境に関わるNGO等の市民団体は、消費者や市民への情報提供、および彼らの意見集約・発信という点で、重要な役割をになうことになる。農業関係者と並んで、政府に対して政策提言をすることが期待される。

　第三に、食と農に関わる民間企業の責任と役割は大きい。特に食品流通・関連産業（農業資材、食品添加物・医薬品、流通、加工、小売、外食・給食サービス等）が、これからの10年間、どのようなポリシーを持って、食と農のシステム全体を持続可能なものに導くことができるのか、その力量が問われている。

　第四に、教育・研究機関は、これまで重視されてこなかった家族農業やアグロエコロジー、伝統的農業の知に関する研究を強化し、参加型研究アプローチを実践することが課題となるだろう。すでに海外ではこうした研究に一定の蓄積があるが、日本ではその取り組みが急務である。さらに、新たな知（エビデンス）にもとづく政策提言、教育の実践と人材育成も教育・研究機関の重要な役割である。

　第五に、中央政府、特に農林水産省や内閣府、関連省庁、都道府県や市町村は、以上のステークホルダーから幅広く意見を集め、小農の権利に関する国連宣言等の国際的議論とその成果にも十分学びながら、新しい農業政策を構築することが強く求められている。特に中央政府は、国際的枠組みの中でその責任を果たすことになる。日本において持続可能な食と農を実現できるかどうかは、何よりも包括的な政策対話の実現と適切な政策的支援の枠組み構築を、政府がどこまでできるかにかかっている。

　最後に、日本にとっての家族農業の問題は、国内問題に限らない。海外で農業開発に関わる政府機関、民間企業、NGO等は、家族農業に関わる国際的議論についての情報を集め、プロジェクトの見直しや新たな計画策定が求められるだろう。以上の取り組みを実践する際、すでに構築されている家族農業の10年に関わる国際的枠組み[注4]があるので、情報収集や意見交換のためにぜひ役立ててほしい。

今日からはじめよう——未来のために種をまく

さまざまな立場から家族農業の10年に関わる方々に、何から着手したらよいのかと問われたら、何と答えればよいだろうか。それは、「受け身の自分を捨てること」である。それも、今すぐに。家族農業の10年が国連のイニシアティブであると思うと、人間《ひと》はどうしても「国連は何をしてくれるのだろう」あるいは「国は何をしてくれるのだろう」と受け身になりがちだ。しかし、家族農業の10年を、日本農政を見直し、転換する契機としたいと考えるのであれば、まず自ら行動するしかない。たとえ、それがどんなに小さなアクションであったとしても、ボトムアップの実践がなければ、本質的な変化は望めないだろう。今日から自ら家族農業の10年の「大使」になって、家族や友人、知人、ご近所、地域の仲間たち、同僚、上司と情報共有してみてほしい。それは、未来のためにあなたの種をまくことになる。

（注１）自然農法を世界に広めた福岡正信氏は、１９３７年から自然農法の研究・実践を始め、有機農業に取り組む愛農会は、１９４５年に愛農塾として活動を開始している。また、１９７１年には日本有機農業研究会が設立された。

（注２）フランスのマクロン政権は、学校や役所、研究所、病院、刑務所等の公共施設の食堂における食材調達の50％以上を２０２２年までに有機栽培、環境保全型農業、地産地消の農産物でまかなうことを目指している（Le Monde 2018.4.19）。

（注３）詳しくは、世界農業遺産（ＧＩＡＨＳ）のウェブサイトを参照のこと（http://www.fao.org/giahs/en/）。

（注４）例えば、ＦＡＯは家族農業プラットフォームで、各国の関係者・団体のネットワーク形成を図っている。詳しくは以下のサイト（http://www.fao.org/family-farming/network/jp/）を参照のこと。

仏ドキュメンタリー映画
『未来を耕す人びと』の紹介

特定非営利活動法人ＡＰＬＡ　吉澤真満子

家族農業とは一体どのようなものか。その一端を知るために、ドキュメンタリー映画『未来を耕す人びと』の鑑賞をお勧めしたい。この映画は、フランスの農学を学ぶ学生たちがインド、フランス、カメルーン、エクアドル、カナダを旅して、世界各地の多様な家族農業について伝えるものだ。そもそも農業とは、気候、地形、歴史、文化などに依拠し、それぞれの地域が持つ特性とともに発展してきている。だから世界を見ると各地域の農業のあり方は実に多様で、そこで抱える課題もそれぞれある。ロードムービーのような映像と音楽とともに、映画を見ている者もそれを体感できる。

その多様な家族農業だが、一方で世界的に共通の問題も見えてくる。一つのパラドックスとして紹介されるのが「世界で多くの貧しい人は農家だ」ということだ。農産物市場の自由化により、小規模な生産者たちは世界の生産力の高い生産者と競争させられ、農業だけでは食べていけない現実。大規模化し、多くの資金を必要とする集約型農業の弊害や環境への負荷。こうした課題を踏まえて、いかに持続可能な農業へと変えていけるか。家族農業および小規模農業がその鍵を握る。これは農民だけの問題ではなく、食と農のシステムを変えるには消費者のあり方も大いに問われてくる。どんな農業を21世紀に選ぶのか、私たちは選択しなくてはならない。その答えを考えるためのヒントが、きっとこの映画から得られるだろう。

『未来を耕す人びと』
【原題】『Those who sow』
【制作】アグロサッカド
【監督】ピエール・フロマンタン
【日本語字幕制作】
小規模・家族農業ネットワーク・ジャパン（SFFNJ）
(注) この映画はSFFNJのウェブサイトから視聴可能。

編者：小規模・家族農業ネットワーク・ジャパン

(Small and Family Farming Network Japan : SFFNJ)

小規模・家族農業ネットワーク・ジャパン（SFFNJ）は、日本および世界で小規模・家族農業の役割と可能性を再評価し、小規模・家族農業を農業・食料政策の中心に位置づけることを求める、個人および団体のネットワーク（2017年6月設立）です。SFFNJは、国連の2014年「国際家族農業年」に集った仲間が呼びかけ人となり、日本における国連の「家族農業の10年」（2019～28年）の展開をサポートするために、ニュースレターの発行、学習会・講演会の開催、書籍の出版、映画『未来を耕す人びと』（本書112頁参照）の日本語字幕制作・上映会の開催などに取り組んでいます。

2019年1月現在、241人、12団体の個人・団体がSFFNJの活動に賛同し、各地で学習会や映画の上映会等を実施しています。皆さんもSFFNJの賛同者・団体になって、持続可能な未来を構築するために一緒にできることから始めませんか。詳しくは、SFFNJのウェブサイト（https://www.sffnj.net/）をご覧ください。

● SFFNJ 呼びかけ人（五十音順）

関根佳恵（愛知学院大学・SFFNJ 呼びかけ人代表）
市橋秀夫（埼玉大学）
奥留遥樹
小林和夫（株式会社オルター・トレード・ジャパン）
斎藤博嗣（一反百姓「じねん道」）
斎藤裕子（一反百姓「じねん道」）
野川未央（特定非営利活動法人 APLA）
森下麻衣子（元オックスファム・ジャパン）
吉澤真満子（特定非営利活動法人 APLA）

執筆者（執筆順）

関根佳恵	愛知学院大学准教授・SFFNJ 呼びかけ人代表
マルセラ・ヴィッヤレアル	国連食糧農業機関（FAO）　パートナーシップ・南南協力部長
安藤丈将	武蔵大学教員
吉田太郎	NAGANO 農と食の会
羽生のり子	フランス在住・フリージャーナリスト
山下惣一	作家・農業
印鑰智哉	日本の種子を守る会　事務局アドバイザー
金　石基	Seedream 運営委員
岩崎政利	長崎県雲仙市・農業
船田クラーセンさやか	明治学院大学国際平和研究所　研究員
岡崎衆史	農民運動全国連合会　国際部副部長
吉澤真満子	特定非営利活動法人 APLA

農文協ブックレット 20

よくわかる

国連「家族農業の 10 年」と「小農の権利宣言」

2019 年 3 月 5 日　第 1 刷発行

小規模・家族農業ネットワーク・ジャパン（SFFNJ）編

発行所　一般社団法人　農山漁村文化協会
〒107-8668　東京都港区赤坂 7 丁目 6-1
電話　03（3585）1142（営業）　03（3585）1144（編集）
FAX　03（3585）3668　　振替　00120-3-144478
URL　http://www.ruralnet.or.jp/

ISBN978-4-540-18168-9
〈検印廃止〉

DTP 制作／㈱農文協プロダクション　　印刷・製本／凸版印刷㈱
乱丁・落丁本はお取り替えいたします。

農文協の図書案内

家族農業が世界の未来を拓く
食料保障のための小規模農業への投資
国連世界食料保障委員会専門家ハイレベル・パネル（HLPE）著
家族農業研究会・㈱農林中金総合研究所訳
●2000円＋税

「2014年国際家族農業年」の理論的バックボーンとなった貴重な報告書の翻訳。家族農業が食料保障や食料主権、真の経済成長と雇用創出、貧困削減、生物多様性の持続的管理、文化的遺産の保護等々に貢献できることを、FAOという国際機関が世界各国各地域の実情を調べ、実証、勧告した。

種子法廃止でどうなる？
（農文協ブックレット⑱）
農文協編
●900円＋税

稲、麦、大豆などの種子生産を都道府県が責任をもつ法律が廃止された。稲の品種育成や種子生産の実態はどうなっていて、種子法廃止でどうなるのか。日本の食料の根本となる種子を公共財という観点から改めて見直す。

TAGの正体
（農文協ブックレット⑲）
JAcom農業協同組合新聞・農文協編
●1200円＋税

TPP以上の譲歩を迫られる二国間貿易協定を拒否できない政府の実態を究明。消費者、農業者、各界著名人が、事実を隠して米国に従属する政府に対抗して、出口のない貿易体制を打破する新しい世界のあり方を求める。

小さい農業で稼ぐコツ
加工・直売・幸せ家族農業で30a1200万円
西田栄喜著
●1700円＋税

バーテンダー、ホテルマンを経て「日本一小さい専業農家」（耕地面積30アール）に。1年を通じて野菜を野菜セットと漬物にしてネットを中心に販売。その野菜つくり・加工の技と売り方のコツを惜しげもなく公開。

（価格は改定になることがあります）